Forschung und Praxis

Band 118

Berichte aus dem
Fraunhofer-Institut für Produktionstechnik
und Automatisierung (IPA), Stuttgart,
Fraunhofer-Institut für Arbeitswirtschaft
und Organisation (IAO), Stuttgart, und
Institut für Industrielle Fertigung und
Fabrikbetrieb der Universität Stuttgart

Herausgeber: H. J. Warnecke und H.-J. Bullinger

Gerd Schlaich

Kabelbaummontage mit Industrierobotern

Mit 62 Abbildungen

**Springer-Verlag
Berlin Heidelberg New York
London Paris Tokyo 1988**

Dipl.-Ing. Gerd Schlaich
Fraunhofer-Institut für Produktionstechnik und Automatisierung (IPA), Stuttgart

Dr.-Ing. H. J. Warnecke
o. Professor an der Universität Stuttgart
Fraunhofer-Institut für Produktionstechnik und Automatisierung (IPA), Stuttgart

Dr.-Ing. habil. H.-J. Bullinger
o. Professor an der Universität Stuttgart
Fraunhofer-Institut für Arbeitswirtschaft und Organisation (IAO), Stuttgart

D 93

ISBN-13:978-3-540-19301-2   e-ISBN-13:978-3-642-83490-5
DOI: 10.1007/978-3-642-83490-5

Dieses Werk ist urheberrechtlich geschützt. Die dadurch begründeten Rechte, insbesondere die der Übersetzung, des Nachdrucks, des Vortrags, der Entnahme von Abbildungen und Tabellen, der Funksendung, der Mikroverfilmung oder der Vervielfältigung auf anderen Wegen und der Speicherung in Datenverarbeitungsanlagen, bleiben, auch bei nur auszugsweiser Verwertung, vorbehalten. Eine Verfielfältigung dieses Werkes oder von Teilen dieses Werkes ist auch im Einzelfall nur in den Grenzen der gesetzlichen Bestimmungen des Urheberrechtsgesetzes der Bundesrepublik Deutschland vom 9. September 1965 in der Fassung vom 24. Juni 1985 zulässig. Sie ist grundsätzlich vergütungspflichtig. Zuwiderhandlungen unterliegen den Strafbestimmungen des Urheberrechtsgesetzes.
© Springer-Verlag, Berlin, Heidelberg 1988.

Die Wiedergabe von Gebrauchsnamen, Handelsnamen, Warenbezeichnungen usw. in diesem Werk berechtigt auch ohne besondere Kennzeichnung nicht zu der Annahme, daß solche Namen im Sinne der Warenzeichen- und Markenschutz-Gesetzgebung als frei zu betrachten wären und daher von jedermann benutzt werden dürften.
Sollte in diesem Werk direkt oder indirekt auf Gesetze, Vorschriften oder Richtlinien (z. B. DIN, VDI, VDE) Bezug genommen oder aus ihnen zitiert worden sein, so kann der Verlag keine Gewähr für Richtigkeit, Vollständigkeit oder Aktualität übernehmen. Es empfiehlt sich, gegebenenfalls für die eigenen Arbeiten die vollständigen Vorschriften oder Richtlinien in der jeweils gültigen Fassung hinzuzuziehen.
Gesamtherstellung: Copydruck GmbH, Heimsheim
2362/3020—543210

wahl und den Einsatz von Fördermitteln sowie Anordnung und Ausstattung von Lagern. Große Aufmerksamkeit wird in nächster Zukunft auch der weiteren Automatisierung der Handhabung von Werkstücken und Werkzeugen sowie der Montage von Produkten geschenkt werden.

Von der Forschung muß in diesem Zusammenhang ein Beitrag zum Einsatz fortschrittlicher intelligenter Computersysteme erfolgen. Planungsprozesse müssen durch Softwaresysteme unterstützt und Arbeitsbedingungen wissenschaftlich analysiert und neu gestaltet werden.

Die von den Herausgebern geleiteten Institute, das

- Institut für Industrielle Fertigung und Fabrikbetrieb der Universität Stuttgart (IFF),

- Fraunhofer-Institut für Produktionstechnik und Automatisierung (IPA),

- Fraunhofer-Institut für Arbeitswirtschaft und Organisation (IAO)

arbeiten in grundlegender und angewandter Forschung intensiv an den oben aufgezeigten Entwicklungen mit. Die Ausstattung der Labors und die Qualifikation der Mitarbeiter haben bereits in der Vergangenheit zu Forschungsergebnissen geführt, die für die Praxis von großem Wert waren. Zur Umsetzung gewonnener Erkenntnisse wird die Schriftenreihe "IPA-IAO - Forschung und Praxis" herausgegeben. Der vorliegende Band setzt diese Reihe fort. Eine Übersicht über bisher erschienene Titel wird am Schluß dieses Buches gegeben.

Dem Verfasser sei für die geleistete Arbeit gedankt, dem Springer-Verlag für die Aufnahme dieser Schriftenreihe in seine Angebotspalette und der Druckerei für saubere und zügige Ausführung. Möge das Buch von der Fachwelt gut aufgenommen werden.

H. J. Warnecke · H.-J. Bullinger

Geleitwort der Herausgeber

Futuristische Bilder werden heute entworfen:

o Roboter bauen Roboter,

o Breitbandinformationssysteme transferieren riesige Datenmengen in Sekunden um die ganze Welt.

Von der "menschenleeren Fabrik" wird da gesprochen und vom "papierlosen Büro". Wörtlich genommen muß man beides als Utopie bezeichnen, aber der Entwicklungstrend geht sicher zur "automatischen Fertigung" und zum "rechnerunterstützten Büro". Forschung bedarf der Perspektive, Forschung benötigt aber auch die Rückkopplung zur Praxis - insbesondere im Bereich der Produktionstechnik und der Arbeitswissenschaft.

Für eine Industriegesellschaft hat die Produktionstechnik eine Schlüsselstellung. Mechanisierung und Automatisierung haben es uns in den letzten Jahren erlaubt, die Produktivität unserer Wirtschaft ständig zu verbessern. In der Vergangenheit stand dabei die Leistungssteigerung einzelner Maschinen und Verfahren im Vordergrund. Heute wissen wir, daß wir das Zusammenspiel der verschiedenen Unternehmensbereiche stärker beachten müssen. In der Fertigung selbst konzipieren wir flexible Fertigungssysteme, die viele verkettete Einzelmaschinen beinhalten. Dort, wo es Produkt und Produktionsprogramm zulassen, denken wir intensiv über die Verknüpfung von Konstruktion, Arbeitsvorbereitung, Fertigung und Qualitätskontrolle nach. Rechnerunterstützte Informationssysteme helfen dabei und sollen zum CIM (Computer Integrated Manufacturing) führen und CAD (Computer Aided Design) und CAM (Computer Aided Manufacturing) vereinen. Auch die Büroarbeit wird neu durchdacht und mit Hilfe vernetzter Computersysteme teilweise automatisiert und mit den anderen Unternehmensfunktionen verbunden. Information ist zu einem Produktionsfaktor geworden, und die Art und Weise, wie man damit umgeht, wird mit über den Unternehmenserfolg entscheiden.

Der Erfolg in unseren Unternehmen hängt auch in der Zukunft entscheidend von den dort arbeitenden Menschen ab. Rationalisierung und Automatisierung müssen deshalb im Zusammenhang mit Fragen der Arbeitsgestaltung betrieben werden, unter Berücksichtigung der Bedürfnisse der Mitarbeiter und unter Beachtung der erforderlichen Qualifikationen. Investitionen in Maschinen und Anlagen müssen deshalb in der Produktion wie im Büro durch Investitionen in die Qualifikation der Mitarbeiter begleitet werden. Bereits im Planungsstadium müssen Technik, Organisation und Soziales integrativ betrachtet und mit gleichrangigen Gestaltungszielen belegt werden.

Von wissenschaftlicher Seite muß dieses Bemühen durch die Entwicklung von Methoden und Vorgehensweisen zur systematischen Analyse und Verbesserung des Systems Produktionsbetrieb einschließlich der erforderlichen Dienstleistungsfunktionen unterstützt werden. Die Ingenieure sind hier gefordert, in enger Zusammenarbeit mit anderen Disziplinen, z. B. der Informatik, der Wirtschaftswissenschaften und der Arbeitswissenschaft, Lösungen zu erarbeiten, die den veränderten Randbedingungen Rechnung tragen.

Beispielhaft sei hier an den großen Bereich der Informationsverarbeitung im Betrieb erinnert, der von der Angebotserstellung über Konstruktion und Arbeitsvorbereitung, bis hin zur Fertigungssteuerung und Qualitätskontrolle reicht. Beim Materialfluß geht es um die richtige Aus-

Vorwort

Die vorliegende Arbeit entstand während meiner Tätigkeit als wissenschaftlicher Mitarbeiter am Fraunhofer-Institut für Produktionstechnik und Automatisierung (IPA), Stuttgart.

Mein besonderer Dank gilt dem Leiter des Instituts, Herrn Prof. Dr.-Ing. H.-J. Warnecke, für seine großzügige Unterstützung und Förderung, die entscheidend zur erfolgreichen Durchführung dieser Arbeit beigetragen haben.

Herrn Prof. Dr.-Ing. G. Pritschow danke ich für die Übernahme des Mitberichts und für die wertvollen Hinweise, die sich daraus ergaben.

Aus dem großen Kreis der Kollegen des Instituts, die mich durch Ihre Mitarbeit und anregende Kritik unterstützt haben, möchte ich Dipl.-Ing. B. Frankenhauser, Dipl.-Ing. H. Emmerich, Dipl.-Ing. T. Schmaus, Herrn K. Killmann, Dr.-Ing. M. Schweizer, sowie Prof. Dr.-Ing. R. D. Schraft besonders erwähnen. Ihnen allen ebenso wie den Studenten, die an dieser Arbeit mitgewirkt haben, gilt mein herzlicher Dank.

Rutesheim, im Februar 1988   Gerd Schlaich

Inhaltsverzeichnis

		Seite
0	Verzeichnis der verwendeten Abkürzungen	13
1	Einleitung	16
1.1	Problemstellung	16
1.2	Zielsetzung und Vorgehensweise	17
2	Ausgangssituation	19
2.1	Begriffe und Definitionen	19
2.1.1	Begriffe der Handhabungstechnik	19
2.1.2	Begriffe der Montagetechnik	19
2.1.3	Begriffe zur Kabelbaummontage	21
2.2	Stand der Technik	24
2.2.1	Konventionelle Montage von Kabelbäumen	24
2.2.2	Pilotanlagen für die flexibel automatisierte Montage	26
3	Analyse des Produktspektrums und Ableitung von Anforderungen an ein programmierbares Kabelbaummontagesystem	31
3.1	Analyse des Produktspektrums	31
3.1.1	Produkt- und Produktionskennzahlen	31
3.1.2	Automatisierungshemmnisse	34
3.1.3	Produktbezogene Entwicklungstendenzen	35
3.1.4	Ableitung von Entwicklungsschwerpunkten für die automatische Kabelbaummontage	37
3.2	Anforderungen an ein programmierbares Kabelbaummontagesystem	38
3.2.1	Teilfunktionen	38
3.2.2	Anforderungen an das Gesamtsystem	40

3.2.3	Anforderungen an die Teilsysteme	41
3.2.3.1	Handhabungssystem	41
3.2.3.2	Werkzeuge	43
3.2.3.3	Vorrichtungen	44
4	**Konzeption von flexibel automatisierten Gesamtsystemen**	46
4.1	Lösungskonzepte für Teilfunktionen	46
4.2	Alternative Ablaufkonzepte	49
4.3	Lösungssystematik für Gesamtsysteme	52
4.4	Alternative Gesamtsystemprinzipien	53
4.4.1	Einplatzsystem	53
4.4.2	Mehrplatzsysteme	54
4.4.2.1	Parallelsystem	55
4.4.2.2	Liniensystem	56
4.5	Vergleich der Gesamtsystemprinzipien	58
4.5.1	Qualitative Abgrenzung der Systemprinzipien	58
4.5.2	Taktzeit und Ausbringung	61
5	**Entwicklung von Verfahren und Werkzeugen für ausgewählte Querschnittsprobleme bei der Kabelbaummontage**	63
5.1	Verfahren zum Verlegen von Leitungen	63
5.1.1	Minimierung der Reibkräfte	64
5.1.2	Befestigung der Leitungsenden	68
5.1.2.1	Optimierung des Verlegekamms	70
5.1.3	Taktzeitoptimales Verlegen der Leitungen	72
5.1.3.1	Mathematisches Modell	73
5.1.3.2	Programmtechnische Realisierung	78
5.2	Werkzeuge zum Anschlagen von Leitungen	79
5.2.1	Kraft-Zeit-Verhalten beim Anschlagen	80
5.2.2	Auslegung eines robotergerechten Anschlagwerkzeugs	83

6	**Versuchsaufbau zur flexibel automatisierten Montage von Kabelbäumen**	85
6.1	Gesamtaufbau	85
6.2	Mechanischer Aufbau	86
6.2.1	Handhabungssystem	86
6.2.2	Verlegewerkzeug	87
6.2.3	Abbindewerkzeug	88
6.2.4	Anschlagwerkzeug	89
6.2.5	Peripheriekomponenten	90
6.3	Steuerung	90
6.4	Arbeitsablauf	92
6.4.1	Montage eines Kabelbaumes	92
6.4.2	Off-line-Programmierung	94
7	**Versuchsergebnisse**	97
7.1	Programmierzeiten	97
7.2	Einfluß des Geschwindigkeits- und Beschleunigungsverhaltens des Industrieroboters auf die Taktzeit	101
7.3	Montagezeiten	103
7.4	Folgerungen aus den Versuchen	104
8	**Einsatzbereiche und Einsatzgrenzen der Systemprinzipien**	106
8.1	Aufbau des Programms zur Berechnung der Einsatzbereiche	106
8.2	Voraussetzungen und Annahmen	108
8.3	Ausbringung und Anzahl von Industrierobotern	109
8.4	Investitionskosten	110
8.5	Montagestückkosten	112
8.6	Abgrenzung der Einsatzbereiche der Systemprinzipien	115

9	**Zusammenfassung und Ausblick**	119
10	**Schrifttum**	122

0 Verzeichnis der verwendeten Abkürzungen

a	mm/s²	Beschleunigung
A	Stck/a	Ausbringung
AWG	-	American Wire Gauge (Leitungsquerschnitt)
BAPS	-	Bewegungs- und Ablaufprogrammiersprache
b	mm	Breite
d	mm	Durchmesser
f	mm	Fase
F	N	Kraft
IR	-	Industrieroboter
K_A	DM/a	kalkulatorische Abschreibung
K_{Abb}	DM	Investitionskosten für ein Abbindewerkzeug
K_{An}	DM	Investitionskosten für ein Anschlagwerkzeug
K_B	DM/h	Betriebskosten
K_E	DM	Investitionskosten für ein Einplatzsystem
K_{GEnt}	DM	Investitionskosten für einen Greifer zur Kabelbaumentnahme
K_{Gest}	DM	Investitionskosten für ein Gestell
K_{GST}	DM	Investitionskosten für einen Steckverbindergreifer
K_{IR}	DM	Investitionskosten eines Industrieroboters
K_L	DM	Investitionskosten für ein Liniensystem
K_{Lh}	DM/a	Lohnkosten
K_{MST}	DM/Stck	Montagestückkosten
K_P	DM	Investitionskosten für ein Parallelsystem
K_{PR}	DM	Investitionsksoten für ein Prüfsystem
K_R	DM/m²	Raumkosten
K_{TB}	DM	Investitionskosten für ein Teilebereitstellungssystem
K_V	DM	Investitionskosten für ein Verkettungsmittel
K_{VWZ}	DM	Investitionskosten für ein Verlegewerkzeug
K_{WM}	DM	Investitionskosten für ein Werkzeugmagazin
K_{WWS}	DM	Investitionskosten für ein Werkzeugwechselsystem
K_Z	DM/a	kalkulatorischer Zins

l	mm	Länge
l_{ges}	mm	Gesamtleitungslänge eines Kabelbaumes
lin	-	linear
m	-	Anzahl
Max	-	Maximum
max	-	maximal
Min	-	Minimum
n	-	Anzahl
PTP	-	Punkt-zu-Punkt
R	mm	Radius
s	mm	Weg
SA	-	Steckeraufnahme
T	s	Zeit
TOL	mm	Toleranz
U	V	Spannung
UHMW-PE	-	ultrahochmolekulargewichtiges Polyethylen
V	-	Verfügbarkeit
v	mm/s	Geschwindigkeit
x	mm	Raumkoordinate
y	mm	Raumkoordinate
z	mm	Raumkoordinate

Häufig verwendete Indizes

a	-	aus
ab	-	ablängen
Abb	-	Abbinden
An	-	Anschlagen
B	-	Bohrung
Be	-	Bestücken
E	-	Einplatzsystem
e	-	ein
ein	-	einpressen
Ent	-	Entnahme
ges	-	gesamt
grenz	-	Grenzwert

H	–	Haltekraft
i	–	Laufvariable
IR	–	Industrieroboter
K	–	Kennwert
Ka	–	Kamm
KB	–	Kabelbaum
L	–	Liniensystem
Le	–	Leitung
n	–	Laufvariable
P	–	Parallelsystem
Prog	–	Programmierung
R	–	Reibung
S	–	Schicht
soll	–	Sollstückzahl
St	–	Steckverbinder
T	–	Taktzeit
Ver	–	Verlegen
VWZ	–	Verlegewerkzeug
WW	–	Werkzeugwechsel
WTW	–	Werkstückträgerwechsel

1 Einleitung

1.1 Problemstellung

In den letzten Jahren wurden flexible Handhabungsgeräte in der Produktion hauptsächlich zum Schweißen, Beschichten und zur Handhabung von Werkstücken eingesetzt. Neben diesen inzwischen schon traditionellen Anwendungsgebieten für Industrieroboter werden von Fachleuten zahlreiche neue Einsatzmöglichkeiten prognostiziert /1,2/. Wie die Ergebnisse einer Studie zeigen, werden in Zukunft weitergehende Rationalisierungsmaßnahmen insbesondere durch die flexible Automatisierung von Montagevorgängen erwartet /3/. Ein zukünftiges Anwendungsgebiet, auf dem flexible Automatisierungsmaßnahmen bisher nur in Ansätzen erkennbar sind, ist die Montage von Kabelbäumen.

Kabelbäume verbinden Stromquellen, Schaltglieder und elektrische Verbraucher vieler Endprodukte. Die rasante Entwicklung von Elektrik und Elektronik hat die Stückzahl und die Größe der Kabelbäume in den letzten Jahren ständig gesteigert /4,5/. Die Montage von Kabelbäumen ist durch einen hohen Anteil manueller Vorgänge gekennzeichnet. Nur für einzelne Arbeitsschritte werden starr automatisierte Einzweckmaschinen verwendet. Weitere Rationalisierungsmaßnahmen sind bisher an der großen Variantenvielfalt der Kabelbäume, an der schwierigen Handhabung der biegeschlaffen Leitungen und an fehlenden technischen Lösungen gescheitert /4,6,7/.

Der Einsatz von Industrierobotern bietet die erforderliche Flexibilität für die Automatisierung von Arbeitsgängen bei der Montage von Kabelbäumen, so daß weltweit Entwicklungen im Gange sind, flexible Handhabungssysteme für die Kabelbaummontage nutzbar zu machen. Die meisten der bisher entwickelten Lösungen haben aber das Laborstadium noch nicht verlassen, erprobte Standardlösungen stehen bisher nicht zur Verfügung /8/.

1.2 Zielsetzung und Vorgehensweise

Zur Automatisierung der Kabelbaummontage müssen praxisreife, wirtschaftlich und universell einsetzbare Techniken entwickelt werden.

Hierzu wird der Stand der Technik bei der Montage von Kabelbäumen untersucht und das Produktspektrum analysiert. Aufbauend auf sich abzeichnenden Entwicklungstendenzen in der Kabelbaumtechnologie sollen für das relevante Produktspektrum Entwicklungsschwerpunkte für Verfahren und Werkzeuge zur automatischen Kabelbaummontage systematisch aufgezeigt werden. Daraus lassen sich unter Einbeziehung bekannter Planungsverfahren /9,10/ Anforderungsprofile an Lösungskonzepte für flexibel automatisierte Kabelbaummontagesysteme und deren Teilsysteme ableiten. Weiterhin sollen die Anwendungsbereiche der Systemprinzipien und Systemkonfigurationen untersucht werden.

Für die zur Montage von Kabelbäumen notwendigen Verfahren und Werkzeuge sollen die Grundlagen erarbeitet und hieraus mögliche Lösungsalternativen abgeleitet werden. Diese Vorgehensweise soll zu einer systematischen Darstellung und Bewertung der Möglichkeiten zur flexibel automatisierten Montage von Kabelbäumen führen.

Ziel der Arbeit ist es, grundlegende Erkenntnisse über die Anwendung von Industrierobotern in der Kabelbaummontage zu gewinnen und damit die Voraussetzungen für die Einführung dieser Technologie in der industriellen Produktion zu schaffen. Deshalb soll neben der Erarbeitung der theoretischen Grundlagen eine Versuchsanlage zur Erprobung der entwickelten Lösungen realisiert werden.

Auf der Basis der Versuchsergebnisse wird eine rechnergestütze Methode zur Ermittlung der Einsatzbereiche und Einsatzgrenzen der erarbeiteten Gesamtkonzepte entwickelt. Damit sollen für die Anwender in der Industrie Planungshilfsmittel bereitgestellt werden, die es erlauben, die Möglichkeiten eines Industrierobotereinsatzes für die Kabelbaummontage abzuschätzen.

2 Ausgangssituation

2.1 Begriffe und Definitionen

2.1.1 Begriffe der Handhabungstechnik

<u>Industrieroboter</u>, im Rahmen dieser Arbeit auch als IR bezeichnet, sind nach /11/ "universell einsetzbare Bewegungsautomaten mit mehreren Achsen, deren Bewegungen hinsichtlich Bewegungsfolge und Wegen bzw. Winkeln frei (d.h. ohne mechanischen Eingriff) programmierbar und gegebenenfalls sensorgeführt sind. Industrieroboter sind mit Greifern, Werkzeugen oder anderen Fertigungsmitteln ausrüstbar und können Handhabungs- und/oder andere Fertigungsaufgaben ausführen".

Industrieroboter können mit einer <u>Werkzeugwechseleinrichtung</u> versehen sein. Ein Werkzeugwechsel ist erforderlich, wenn zur Ausführung einer Handhabungs- und/oder Fertigungsaufgabe verschiedene Greifer, Werkzeuge oder andere Fertigungsmittel benötigt werden. Eine Werkzeugwechseleinrichtung besitzt Schnittstellen zur Übertragung pneumatischer und/oder elektrischer Energie und/oder elektrischer Signale.

2.1.2 Begriffe der Montagetechnik

<u>Montage</u> bezeichnet die Gesamtheit aller Vorgänge, die dem Zusammenbau von geometrisch bestimmten Körpern dienen. Bei der Montage können neben Fügeverfahren zusätzlich auch Handhabungs- und Kontrollvorgänge durchgeführt werden /10, 11, 12/.

<u>Typen</u> sind "alternative Grundbauarten eines Produktes mit gleichen Grundfunktionen, jedoch unterschiedlichen Baugruppen in verschiedenen Endprodukten bzw. verschiedenen Funktionen" (z.B. Flugzeug- und PKW-Kabelbaum) /10/.

Produktvarianten besitzen gleiche oder ähnliche Baugruppen sowie ähnliche Montageumfänge. Varianten unterscheiden sich in Ausführungsformen, Ausstattungen oder einzelnen Fügeteilen, um im gleichen Endprodukt verschiedene Zusatzfunktionen abdecken zu können (z.B. PKW-Kabelbaum mit bzw. ohne Verkabelung für die Sitzheizung) /9,10,13/.

Unter Flexibilität wird in Anlehnung an /14/ die Anpassungsfähigkeit eines Montagesystems an veränderte Anforderungen im zeitlichen Verlauf verstanden. Bei der Kabelbaummontage ist hierbei insbesondere die Variantenflexibilität eines Montagesystems von Bedeutung, d.h. die Fähigkeit eines Montagesystems, unterschiedliche Produktvarianten ohne mechanische Veränderungen an den Teilsystemen montieren zu können.

Eine flexibel automatisierte Montagezelle enthält Einrichtungen zum automatischen Handhaben, Fügen, Kontrollieren und gegebenenfalls zur Durchführung von Sonderfunktionen. In einer flexibel automatisierten Montagezelle können ein oder mehrere Montagevorgänge an unterschiedlichen Produkten und/oder an unterschiedlichen Typen und/oder Varianten eines Produktes (in unterschiedlichen Stückzahlen) ausgeführt werden. Die Arbeitsteilung ist dabei im allgemeinen gering /15/.

Ein flexibles Montagesystem enthält mehrere automatisierte Montagestationen und/oder flexibel automatisierte Montagezellen und/oder manuelle Arbeitsstationen, die durch ein automatisiertes Transport- und Informationsflußsystem miteinander verknüpft sind. Ein flexibles Montagesystem ist gekennzeichnet durch Typen- und/oder Varianten- und Stückzahlflexibilität /14,15/.

2.1.3 Begriffe zur Kabelbaummontage

Die Kabelbaummontage ist ein Sammelbegriff für alle Arbeiten, die notwendig sind, um einen Kabelbaum als Endprodukt zu montieren. Kabelbäume dienen als Verbindungselemente zwischen Stromquellen, Schaltgliedern und elektrischen Verbrauchern. Sie sind ein wichtiger Bestandteil von Produkten der Fahrzeug-, Hausgeräte-, Bürogeräte-, EDV-Geräte- und der Luftfahrtindustrie.

Ein Kabelbaum besteht aus Leitungen, Steckverbindern, Kabelbindern und/oder Textilbandumwicklungen und typspezifischen Sonderteilen (z.B. Isolierschläuche, Klebeschilder, Gummitüllen).

American Wire Gauge AWG	Nennquerschnitt in [mm^2]	
	eindrähtige Leiter	mehrdrähtige Leiter
32	0,032	0,035
30	0,05	0,055
28	0,08	0,079
26	0,13	0,12
24	0,20	0,22
22	0,31	0,34
20	0,50	0,56
18	0,79	0,93
16	1,33	1,30

Bild 1: Zusammenhang zwischen Leiterquerschnitt und American Wire Gauge (AWG) /17/

Die Leitung /16/ hat die Aufgabe, den elektrischen Strom in Adern zu leiten und die elektrische Spannung durch eine nicht leitfähige Hülle zu isolieren. Ein Kabel ist aus mehreren Leitungen aufgebaut, die immer durch einen Mantel zusammengehalten werden. Hauptmerkmal einer Leitung ist der Leiterquerschnitt, von dem die maximal zulässige Stromstärke abhängt. Neben der Angabe des Leiterquerschnitts in mm^2 ist auch, wie in Bild 1 dargestellt, die Bezeichnung "American Wire Gauge" (AWG) gebräuchlich /17/.

Steckverbinder sind Bauelemente, die es gestatten, elektrische Leitungen anzuschließen und mit passenden Gegenstücken eine Verbindung herzustellen /18/. Ein Steckverbinder besteht aus einem Steckverbinderkörper und Kontaktteilen.

Beim Anschlagen wird ein Leitungsende mit einem Kontaktteil mechanisch verbunden. Es handelt sich hierbei um eine lötfreie elektrische Verbindung. Die Kontaktteile lassen sich nach der eingesetzten Anschlußtechnik unterscheiden (siehe Bild 2).

Bei der Crimpverbindung /18,19/ wird mit Hilfe eines Crimpwerkzeuges der Anschlußbereich eines Kontaktteiles mechanisch so verformt, daß eine feste, gasdichte Verbindung mit dem Leiter hergestellt wird. Vor dem Crimpvorgang muß die Leitung mit einem Werkzeug abisoliert werden. Zum Crimpen werden ein- oder mehrdrähtige Leitungen eingesetzt. Die Crimpverbindung kann mit Handcrimpwerkzeugen oder auf halb- oder vollautomatischen Crimpmaschinen ausgeführt werden. Die so vorkonfektionierte Leitung wird in den meisten Fällen anschließend manuell in die Kontaktkammer eines Steckverbinderkörpers eingerastet /20/.

Die Schneidklemmverbindung ist "eine lötfreie elektrische Verbindung, die durch Einklemmen eines isolierten elektrischen Leiters in ein die Isolierung schneidendes und den Leiter klemmend kontaktierendes Anschlußstück (Schneidklemme) hergestellt wird" /17/. Leiterquerschnitt und Schneidklemme müssen aufeinander abgestimmt sein. Bei der Schneidklemmverbindung werden damit in einem Arbeitsgang, der nur Bruchteile einer Sekunde dauert, das Abisolieren und das Anschlagen der Leitung sowie die Steckverbindermontage durchgeführt /20,21,22,24/.

Verbindungsverfahren	Crimpverbindung	Schneidklemmverbindung
Prinzipbild	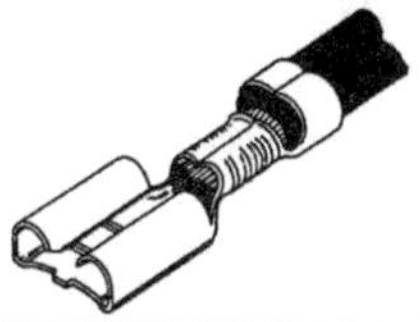	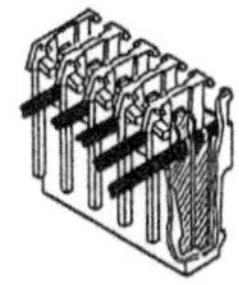
Form der Kontaktstelle		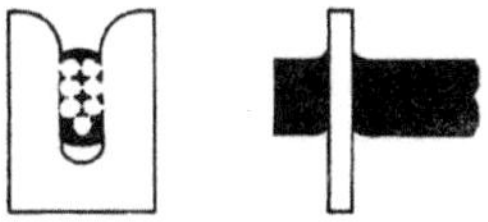
notwendige Arbeitsschritte zur Herstellung der Verbindung	zeitlich aufeinanderfolgendes Ablängen, Abisolieren und Anschlagen	in einem Arbeitsgang integriertes Ablängen, Abisolieren und Anschlagen
verarbeitbarer Leitungsquerschnitt	AWG 10 - AWG 30	AWG 18 - AWG 28
Materialkosten für eine Verbindung	0,02 - 0,06 DM/Stck	0,04 - 0,07 DM/Stck
Taktzeit bei vollautomat. Anschlagen	0,5 - 3,5 s/Stck	3,5 - 7 s/Steckverbinder

<u>Bild 2:</u> Crimp- und Schneidklemmverbindung

Beim <u>Verlegen</u> der Leitungen werden eine oder mehrere Leitungen auf einem Verlegebrett räumlich so angeordnet, wie es durch die Konstruktionszeichnung des Kabelbaumes vorgegeben ist. Um die Leitungen auf dem Verlegebrett zu führen, werden Verlegehilfen (Nägel, Stifte) verwendet /36/.

Ein Kabelbaum wird <u>gebündelt</u>, indem alle parallelen Leitungen eines Teilabschnitts zu einem Kabelstrang zusammengefaßt werden. Das Bündeln erfolgt üblicherweise entweder mit Textilklebeband, mit dem der Kabelstrang umwickelt wird, oder mit Kabelbindern, die in regelmäßigen Abständen um den Kabelstrang geschlungen werden.

2.2 Stand der Technik

2.2.1 Konventionelle Montage von Kabelbäumen

Die Methoden bei der Serienmontage von Kabelbäumen sind seit Jahrzehnten nahezu unverändert geblieben. Die Kabelbaummontage in der Industrie ist durch folgende Merkmale gekennzeichnet /4,7,8/:

- großer Arbeitsinhalt bei der Montage eines Kabelbaumes,
- sehr große Typen- und Variantenvielfalt der Kabelbäume,
- hohe Anzahl manueller Arbeitsplätze,
- viele Reparaturvorgänge,
- hohe Anzahl von (konfektionierten) Leitungen, die von Arbeitsplatz zu Arbeitsplatz transportiert werden,
- hohe Anzahl von Zwischenlagern für halbfertige Produkte,
- großer Flächenbedarf in der Fertigung,
- hohe Rüstzeiten für die eingesetzten Konfektioniermaschinen.

In Bild 3 ist beispielhaft der typische Ablauf bei der Serienmontage von Kabelbäumen dargestellt.

Von der Vielzahl der Arbeitsgänge wurde bisher hauptsächlich die Anschlagtechnik automatisiert. Hierfür ist ein breites Spektrum von Halb- und Vollautomaten auf dem Markt erhältlich, mit denen Leitungen abgelängt, abisoliert und ein- oder beidseitig mit Kontakten versehen werden können. Die modernsten Vollautomaten eignen sich zur Montage von Teilkabelbäumen, d.h. von Einzelleitungen, die über mehrere Steckverbinder kettenartig verbunden werden können. Alle handelsüblichen Automaten sind auf ein eng begrenztes Werkstückspektrum ausgelegt und im allgemeinen starr automatisiert. Die Flexibilität beschränkt sich auf die Verarbeitung unterschiedlicher Leitungen und Kontakte.

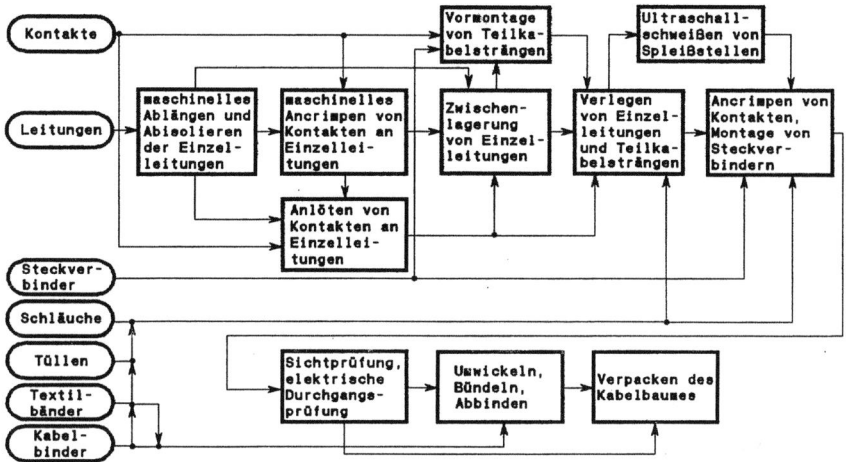

Bild 3: Istzustand bei der Serienmontage von Kabelbäumen

Hierzu müssen die Maschinen manuell umgerüstet werden. Die Ausbringung vollautomatischer Anschlagmaschinen für Crimpkontakte beträgt bis zu 11.000 Leitungen/h, für Parallelverdrahtungen in Schneidklemmtechnik mit beidseitig angebrachten Steckverbindern bis zu 500 Stück/h /4,20,22/.

Die Weiterverarbeitung der vorkonfektionierten Leitungen wird manuell ausgeführt, teilweise an Einzelbrettern, teilweise in Form der Fließbandmontage an bewegten Verlegebrettern. Dabei werden die Leitungen verlegt, sowie Steckverbinder, Zusatzkontakte und Sonderteile montiert /4/.

Für das Umwickeln und Bündeln werden häufig teilautomatisierte Maschinen eingesetzt. Zum Umwickeln wird dabei der Kabelbaum von Hand in eine Bandagiermaschine gehalten und ein Textilband automatisch um die Kabelstränge gewickelt. Für das Bündeln sind Abbindepistolen auf dem Markt, die manuell gehandhabt werden und Kabelbinder oder Nylonfaden automatisch um den Kabelstrang schlingen /23/.

Der fertig montierte Kabelbaum wird im letzten Arbeitsgang einer elektrischen Durchgangsprüfung unterzogen. Dabei werden alle Steckverbinder des Kabelbaumes mit den Gegensteckern eines Prüfgerätes verbunden. Die Prüfgeräte sind häufig rechnergestützt, so daß auch verschiedene Kabelbaumtypen und -varianten nach Aufruf des zugehörigen Prüfprogramms geprüft werden können /25,26,28/. Nach der Prüfung werden die defekten Kabelbäume an Nacharbeitsplätzen repariert.

Bild 4 zeigt den Automatisierungsgrad der einzelnen Arbeitsschritte bei der Serienmontage von Kabelbäumen.

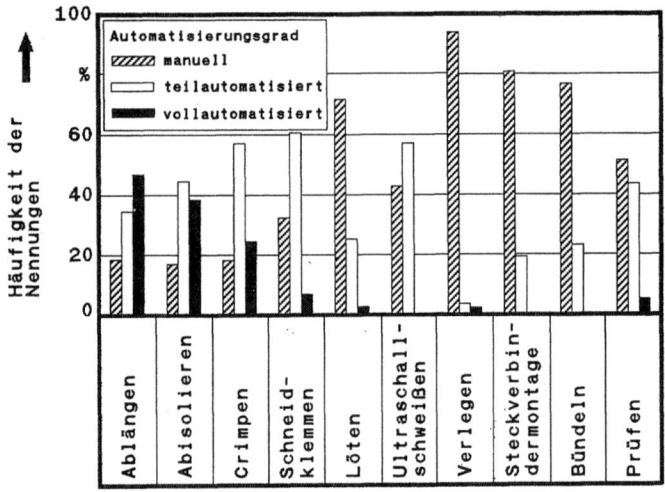

Bild 4: Automatisierungsgrad bei der Kabelbaummontage in der Industrie (Stichprobe: 95 Firmen)

2.2.2 Pilotanlagen für die flexibel automatisierte Montage

Zur flexibel automatisierten Montage von Kabelbäumen existieren weltweit ca. 30 Anlagen mit programmierbaren Handhabungssystemen /27-45/. In Bild 5 ist der automatisierte

Arbeitsumfang der wichtigsten Systeme zusammengestellt, die technischen Daten zeigt Bild 6.

Firma, Werk	automatisierter Arbeitsumfang / Systemname	Ablängen	Abisolieren	Kennzeichnung der Leitungen	Anschlagen	Verlegen	Handhabung der Steckverbinder	Steck.-montage Schneid-klemmt.	Steck.-montage Crimpt.	Bündeln	elektrische Prüfung	Entnahme
Siemens Kamp Lintfort	Kabellege-automat	●				●						
MBB Hamburg	NC-Kabelverlegemaschine	●		●		●						
Xynetics Santa Clara	Wirematic II	●		●		●						
Fuji Electric Tokyo	FACL-1600	●		●		●						
VEB ZFT Mikroel. Dresden	DKLA-1300	●			●	●		●				
Lansing Bagnall Basingstoke	ALMA I	●				●				●		●
IWB München	Zelle f. Kabelbaumfertg.	●			●	●	●	●		●		●
AMP Harrisburg	IDC Harness Maker	●			●	●	●	●		●	●	●
IBM Järfälla	Autocable-mation-System	●	●		●	●	●		●	●		
Westinghouse Pittsburgh	ALMA II	●	●			●	●			●		●
Martin Marietta Orlando	Aut. Harness Assembly	●	●		●	●			●			
Westinghouse Columbia	REACH	●	●	●	●	●	●		●	●	●	
Sumitomo Yokkaichi	FAM	●	●		●	●			●	●		
Unimation Mountain View	Harness Fab. System	●	●	●	●	●	●		●	●		
Yamaha Hamamatsu	Spider-One	●			●	●	●	●		●	●	●
Vektroniks Carlsbad	Wire Vektor 2000	●	●	●	●	●			●	●	●	
Yazaki Tokyo	Aut. Wiring Harness Ass.	●	●		●	●			●			●

Bild 5: Automatisierter Arbeitsumfang programmierbarer Systeme zur Kabelbaummontage

Firma, Werk	Anzahl progr. Achsen	max. Verlegegeschwindigkeit [mm/s]	Verlegebrettabmessungen [mm x mm]	Positioniergenauigkeit [mm, +/-]	Anzahl bereitgestellter Leitungen	verarbeitbare Leitungsquerschnitte [mm²]	integrierte off-line-Programmierung	Automatisierungsgrad [%]	Anzahl instal. Systeme	Einsatzfähigkeit
Siemens Kamp Lintfort	6	1000	550 x 400	0,1	16	0,30-0,80	geplant	20	3	F
MBB Hamburg	3	400	3912 x 2298	*	40	0,22-1,30	ja	30	2	F
Xynetics Santa Clara	3	760	4267 x 1828	*	64	0,06-4,70	ja	30	*	F
Fuji Electric Tokyo	3	400	1600 x 800	0,5	20	0,50-2,00	ja	30	1	P
VEB ZFT Mikroel. Dresden	3	170	1300 x 800	0,1	10	0,14-0,75	nein	50	ca. 10	F
Lansing Bagnall Basingstoke	5	150	1500 x 600	0,5	48	0,22-4,70	nein	40	2	P
IWB München	6	100	*	0,02	3	*	ja	87	1	P
AMP Harrisburg	6	100	1473 x 457	0,1	1	0,34	nein	100	1	P
IBM Järfälla	6	1000	1200 x 400	0,1	1	*	geplant	70	1	F
Westinghouse Pittsburgh	5	250	3048 x 1118	0,2	5	0,93-3,20	geplant	60	2	P
Martin Marietta Orlando	3	100	1400 x 1000	*	2	0,34-0,56	nein	50	1	P
Westinghouse Columbia	21	*	1524 x 1219	0,05	4	0,22-1,30	geplant	90	1	P
Sumitomo Yokkaichi	16	250	2500 x 1000	0,02	32	*	nein	60	1	F
Unimation Mountain View	12	610	1500 x 600	0,5	12	0,12-0,93	geplant	80	0	K
Yamaha Hamamatsu	4	700	1374 x 450	0,05	1	0,09-0,34	geplant	100	2	P
Vektroniks Carlsbad	4	1270	2438 x 1219	0,1	16	0,14-1,30	ja	80	*	P
Yazaki Tokyo	8	1000	4000 x 1000	*	60	0,34-1,90	geplant	60	2	P

F: Einsatz in Fertigung, P: Pilotanlage, K: Konzeption, *: unbekannt

Bild 6: Wichtige Systemmerkmale progammierbarer Anlagen zur Kabelbaummontage

Alle bekannten IR-Anwendungen sind in bezug auf das Produktspektrum, die Variantenvielfalt der Einzelteile (Steckverbindertypen, Leitungsquerschnitt und Leitungsfarben), den automatisierten Arbeitsumfang und die Ausbringung eingeschränkt. Die Systeme weisen entweder bei der produktspezifischen Montagetechnik, wie dem Verlegen der Leitungen oder dem Anschlagen der Kontakte, oder bei der Gesamtkonzeption der Anlage (z.B. eingesetzter IR-Typ, Teilebereitstellung) erhebliche Schwachstellen auf. Ein systematischer Ansatz für die Konzeption automatisierter Gesamtsysteme fehlt bisher ebenso wie geeignete Verfahren und Werkzeuge für die industrielle Anwendung von Industrierobotern zur Kabelbaummontage.

Alle Anlagen sind zum Verlegen von Leitungen geeignet, die Verlegegeschwindigkeiten sind jedoch bei den meisten Systemen aufgrund der Schwierigkeiten bei der Handhabung der Leitungen sehr gering. Bei 70 % der Systeme ist das Anschlagen und bei nur 64 % die Steckverbindermontage (davon 7 Anlagen für Crimptechnik und 4 Anlagen für Schneidklemmtechnik) realisiert. 58 % der Anlagen sind für das Bündeln der Kabelstränge und nur vier Anlagen für die elektrische Durchgangsprüfung bzw. sechs Anlagen für die automatische Entnahme des Kabelbaumes ausgelegt.

Der Stand der Technik zeigt, daß die Probleme bei der vollautomatischen Montage von Kabelbäumen technisch lösbar sind. Jeder Arbeitsgang wurde auf einem der Pilotsysteme mindestens in Ansätzen schon erprobt. Der Systemaufbau und die bisher eingesetzten Komponenten sind jedoch eng auf spezifische Problemstellungen zugeschnitten. So eignen sich beispielsweise die Anschlagwerkzeuge nur für bestimmte Kontaktvarianten und sind nicht auf ein breites Anwendungsgebiet ausgelegt. Deshalb weisen die Pilotanlagen auch einen hohen Anteil an unflexiblen Sonderbetriebsmitteln auf. Universell einsetzbare Komponenten sind bis heute nicht vorhanden.

Die bekannten Systeme genügen auch den hohen Anforderungen der Industrie in bezug auf das Stückzahl- und Variantenspektrum nicht. So erfolgt die Programmierung der Anlagen überwiegend im Teach-in-Betrieb und ist deshalb mit hohem zeitlichen Aufwand verbunden. Eine integrierte CAD-CAM-Kopplung ist nur bei fünf Systemen realisiert.

Andererseits zeigt die Vielzahl der Pilotsysteme, daß Kabelbaumhersteller und -anwender das mögliche Rationalisierungspotential erkannt haben, der Durchbruch von der technischen Prinziplösung zum wirtschaftlichen Einsatz jedoch noch nicht gelungen ist. Aufgrund der Erfahrungen mit den bisher realisierten Anlagen ist eine breite Einführung dieser Technologie in die Industrie nur dann möglich, wenn es gelingt, flexible Gesamtkonzepte für die verschiedensten Anwendungsbereiche zu entwickeln. Der typspezifische Peripherieanteil muß dabei so gering wie möglich gehalten werden, um die Investitionskosten einer Anlage niedrig zu halten und damit die Voraussetzung für einen wirtschaftlichen Einsatz zu erfüllen.

3 Analyse des Produktspektrums und Ableitung von Anforderungen an ein programmierbares Kabelbaummontagesystem

3.1 Analyse des Produktspektrums

Zur Ermittlung des Produktspektrums und zukünftiger Entwicklungstendenzen bei der Montage von Kabelbäumen wurde eine Repräsentativerhebung mit Hilfe eines Fragebogens durchgeführt. Die Daten wurden bei 95 Firmen aus 14 Branchen erhoben. Es handelt sich dabei um die wichtigsten Branchen, in denen Kabelbäume verwendet werden, vor allem um die Fahrzeugindustrie, die Hausgeräteindustrie, die EDV-/Bürogeräteindustrie, die Unterhaltungselektronik- und die Flugzeugindustrie. In der Repräsentativerhebung wurden Produktions- und Produktkennzahlen, die Automatisierungshemmnisse sowie die wichtigsten Entwicklungstendenzen in der Kabelbaumbranche erfaßt.

3.1.1 Produkt- und Produktionskennzahlen

In der Bundesrepublik Deutschland werden jährlich ca. 88 Mio. Kabelbäume hergestellt. Davon werden 41,6 % in der Fahrzeugindustrie, 28 % im Bereich der Unterhaltungselektronik und 12,5 % in der Haushaltsgeräteindustrie verwendet. Die Jahresstückzahlen pro Hersteller bewegen sich dabei zwischen 50 Stück/a und 15.300.000 Stück/a. Fast 80 % der jährlich hergestellten Varianten je Kabelbaum läßt sich dem Bereich zwischen 5.000 Stück/a und 500.000 Stück/a zuordnen. Dieses Spektrum ist damit als relevanter Bereich für die automatisierte Montage anzusehen.

Auch die flächenmäßige Größe der Kabelbäume ist durch ein weites Spektrum gekennzeichnet, das von Kabelbäumen mit einer Fläche von 0,1 m^2 in der Bürogeräte-Industrie bis zu

Kabelbäumen von über 30 m² in der Luftfahrtindustrie reicht (Bild 7).

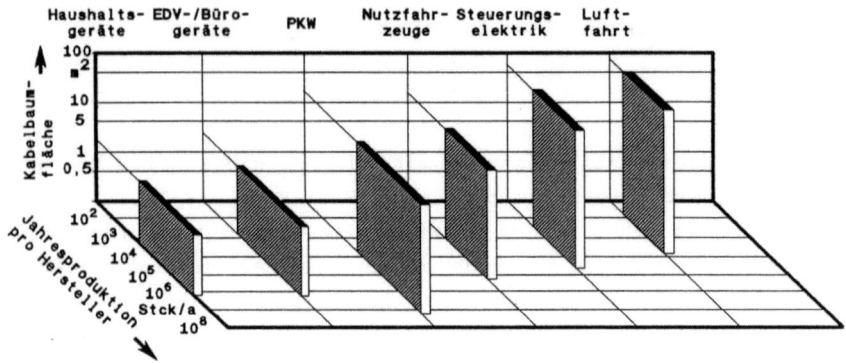

Bild 7: Branchenspezifische Jahresstückzahlen pro Hersteller und Kabelbaumgrößen bei der Serienmontage von Kabelbäumen (Basis: 95 Firmen)

Die Analyse der Kabelbaumgrößen in Verbindung mit den hergestellten Stückzahlen zeigt, daß fast 71 % der Kabelbäume Abmessungen von unter 1000 mm x 500 mm aufweisen. Dies bedeutet, daß für diese Kabelbäume der Arbeitsraum von vierachsigen Horizontalschwenkarmrobotern /2/ bei der automatisierten Montage ausreicht. Kabelbäume bis zu dieser Größe werden für den möglichen Einsatz von flexibel automatisierten Gesamtsystemen als relevant erachtet.

Die Repräsentativerhebung zeigt weiterhin, daß die Crimptechnik bisher in allen Branchen dominiert. Der auf die Anzahl der hergestellten Kabelbäume bezogene Anteil der Crimptechnik an den Verbindungsverfahren liegt bei den befragten Betrieben bei durchschnittlich 77,6 %. Die Schneidklemmtechnik wird in 14,7 % aller Kabelbäume eingesetzt, andere Verbindungstechniken wie das Löten oder das Ultraschallschweißen sind bei der Montage von Kabelbäumen als unbedeutend anzusehen (Bild 8).

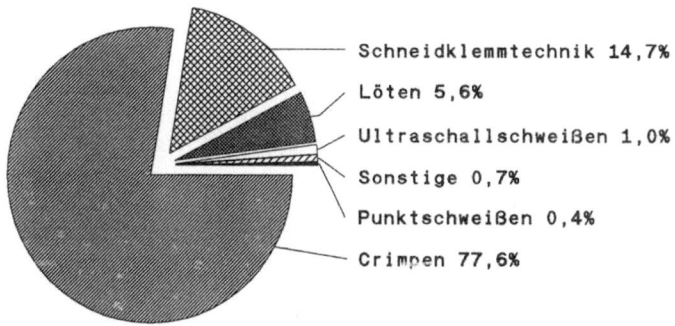

Bild 8: Häufigkeit der eingesetzten Verbindungsverfahren
(Basis: 95 Firmen)

Der Fehleranteil bei der Montage von Kabelbäumen liegt je nach Branche und den damit verbundenen Stückzahlen durchschnittlich zwischen 3,1 % und 8,0 %. Die Fehler können in Steck-, Kontakt- und Legefehler unterteilt werden und beruhen fast ausschließlich auf Fehlern bei den manuellen Montageprozeßen. In Bild 9 ist der Zusammenhang zwischen den Fehleranteilen und den Vorgabezeiten für die verschiedenen Arbeitsgänge bei der Kabelbaummontage dargestellt. Es zeigt sich, daß der Fehleranteil bei der Kabelbaummontage mit der Vorgabezeit zunimmt.

Die vorgabezeitintensivsten Vorgänge sind in allen Branchen das Verlegen der Leitungen (Anteil an der Vorgabezeit zwischen 16,2 % und 50,2 %) und die Konfektionierung (Anteil an der Vorgabezeit zwischen 10,7 % und 38,1 %). Für die Steckverbindermontage werden durchschnittlich 12,3 % und für das Bündeln der Kabelstränge 16,2 % der Vorgabezeit benötigt.

Dies bedeutet, daß weitergehende Rationalisierungsmaßnahmen bei der Kabelbaummontage primär beim Verlegen und bei der Konfektionierung ansetzen müssen.

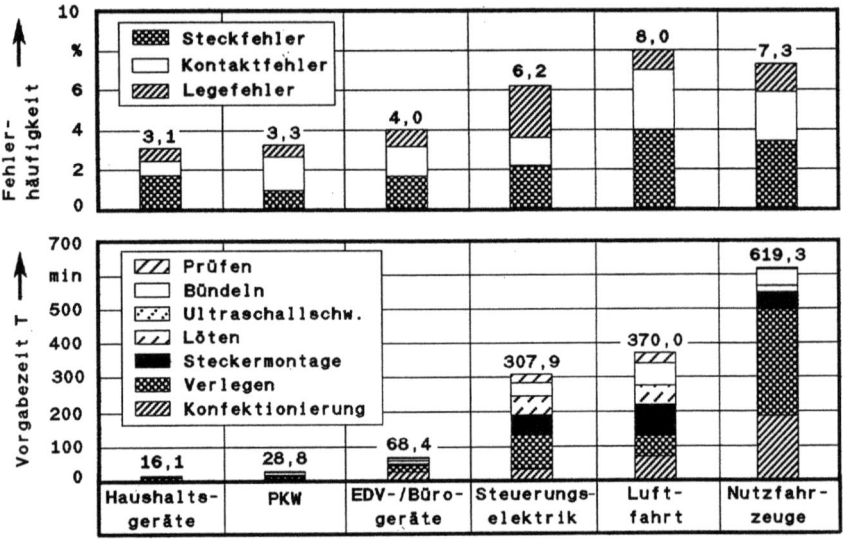

Bild 9: Durchschnittliche Fehleranteile und Vorgabezeiten bei der Kabelbaummontage in verschiedenen Branchen (Basis: 28 Kabelbäume)

3.1.2 Automatisierungshemmnisse

Die in der Repräsentativerhebung erfaßten Automatisierungshemmnisse lassen sich in die in Bild 10 aufgeführten Gruppen einteilen. Es zeigt sich, daß vor allem fehlende technische Lösungen eine Höherautomatisierung in der Industrie bisher verhindert haben. Als weitere wichtige Automatisierungshemmnisse werden die Vielfalt der in einem Kabelbaum verwendeten Einzelteile und die teilweise geringen Losgrößen und Stückzahlen je Kabelbaumtyp genannt, die den Einsatz starr automatisierter Anlagen nicht zulassen.

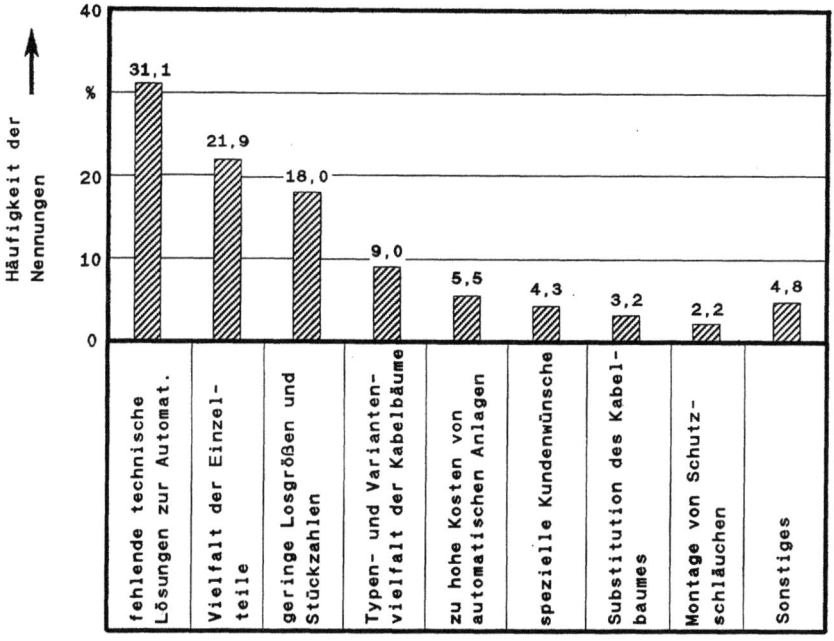

Bild 10: Häufigkeit von Automatisierungshemmnissen
(Basis: 95 Firmen)

3.1.3 Produktbezogene Entwicklungstendenzen

Zur Abschätzung zukünftiger Entwicklungen bei der Montage von Kabelbäumen wurden mögliche Produktänderungen und deren Realisierbarkeit in den nächsten fünf Jahren erfaßt (Bild 11). Die meisten Kabelbaumhersteller wollen die Standardisierung der Kontakte, Steckverbinder und Leitungen als wichtige Maßnahmen zur automatisierungsgerechten Gestaltung des Kabelbaumes einführen. Die weiterhin vorhersehbare Ausweitung der Typen- und Variantenvielfalt sowie die Vergrößerung der Kabelbäume verdeutlicht die Notwendigkeit für die Entwicklung flexibel automatisierter Anlagen.

Wichtig für die Konzeption flexibel automatisierter Gesamtsysteme zur Kabelbaummontage ist die Ablösung der Crimptechnik durch die Schneidklemmtechnik in den Branchen mit hohen Stückzahlen. Hier hat die Industrie die Vorteile der automatisierungsgerechten Gestaltung der Schneidklemmverbindung erkannt. Der Ersatz des konventionellen Kabelbaumes durch die Verwendung neuer Übertragungsverfahren (Multiplex- oder Lichtwellenleitertechnik) oder durch weitere Integration in Leiterplatten oder -folien wird sich nur in einigen branchenspezifischen Teilbereichen ansatzweise vollziehen. Weiterhin kann davon ausgegangen werden, daß sich der Einsatz einfarbiger Leitungen in der Serienmontage durchsetzen wird, so daß die Variantenzahl der Leitungen erheblich sinken wird.

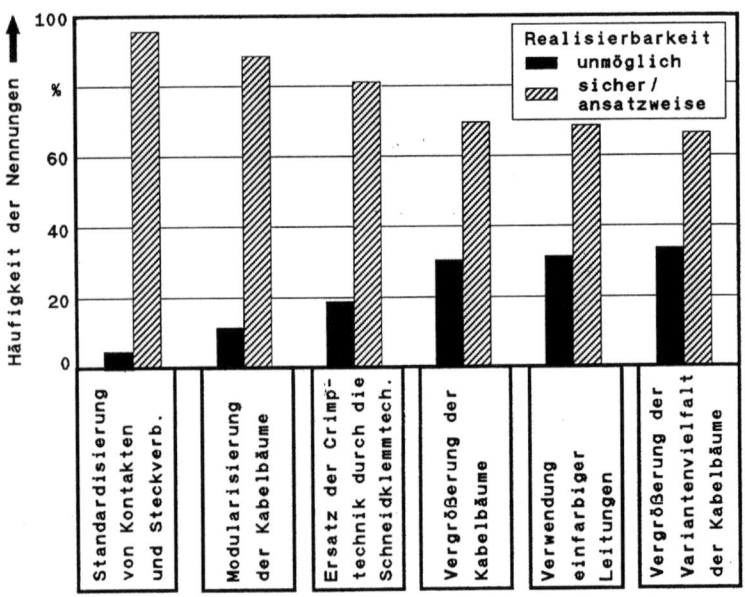

Bild 11: Entwicklungstendenzen bei der Kabelbaummontage
(Basis: 95 Firmen)

3.1.4 Ableitung von Entwicklungsschwerpunkten für die automatische Kabelbaummontage

Die große Typen- und Variantenvielfalt der Kabelbäume in Verbindung mit dem breiten Stückzahlspektrum erfordert die systematische Entwicklung einer Palette von flexibel automatisierten Konzepten für die verschiedenen Einsatzbereiche. Dadurch, daß die Prozesse bei der Montage unterschiedlicher Kabelbäume grundsätzlich dieselben sind, ist es möglich, universell einsetzbare Werkzeuge für jeden dieser Montagevorgänge zu entwickeln. Die anderen typspezifischen Forderungen, wie z.B. Stückzahl und Kabelbaumgeometrie, lassen sich dann durch geeignete Konfiguration des Gesamtsystems erfüllen.

Dazu müssen in bezug auf die Ausbringung und die Typen- und Variantenflexibilität alternative Gesamtsystemkonzepte entwickelt werden. Bisher realisierte Lösungskonzepte erfüllen die Flexibilitätsanforderungen der Industrie nicht. Da der Einsatzbereich für Kabelbäume in Schneidklemmtechnik zukünftig stark ansteigen wird und weil von den bisher realisierten Pilotanwendungen die wenigsten für diese Verbindungstechnik ausgelegt sind, werden alle zu entwickelnden Verfahren und Werkzeuge dafür ausgelegt. Insbesondere beim automatischen Verlegen und Anschlagen der Leitungen müssen im Gegensatz zu den bekannten Pilotanwendungen die kabelbaumspezifische Typen- und Variantenvielfalt, sowie die teilweise geringen Stückzahlen und Losgrößen in die Entwicklung von Werkzeugen und Verfahren einbezogen werden.

Um aus der Palette möglicher Lösungskonzepte für die verschiedenen Kabelbaumtypen das jeweils optimale Automatisierungskonzept auswählen zu können, ist es ferner notwendig, eine Vorgehensweise zur Ermittlung der Einsatzbereiche der Systemkonzepte zu entwickeln.

3.2 Anforderungen an ein programmierbares Kabelbaummontagesystem

3.2.1 Teilfunktionen

In Anlehnung an die Definition von SCHWEIZER /46/ zu programmierbaren Handhabungsgeräten, SCHRAFT /47/ zu den Teilsystemen von programmierbaren Handhabungsgeräten und ABELE /48/ zu programmierbaren Gußputzsystemen wird definiert:

"Ein **programmierbares Kabelbaummontagesystem** besteht aus einem oder mehreren IR, die mit allen Werkzeugen und anwendungsspezifischen Komponenten wie zum Beispiel Verlegebrettern, Zuführeinrichtungen und Sensoren versehen sind, die zur automatischen Montage eines Kabelbaumes notwendig sind."

Ein programmierbares Kabelbaummontagesystem hat damit folgende Aufgaben:

- Bereitstellung aller Einzelteile eines Kabelbaumes wie z.B. Leitungen, Steckverbinder und Kabelbinder,
- Verlegen der Leitungen,
- Montage der Steckverbinder,
- Bündeln der Kabelstränge,
- elektrische Durchgangsprüfung,
- Entnahme des Kabelbaums aus dem System.

Neben diesen Aufgaben, die bei der Montage jedes Kabelbaumes notwendig sind, soll ein programmierbares Kabelbaummontagesystem als Option auch zur Montage von typen- und variantenspezifischen (Sonder-) Teilen geeignet sein. Derartige Sonderteile sind beispielsweise Isolierschläuche, Gummitüllen, Klebeschilder und angelötete Schalter. Die Handhabung und Montage dieser Sonderteile ist aufgrund der fehlenden montagegerechten Produktgestaltung nicht allgemeingültig lösbar und muß im Einzelfall betrachtet werden. Deshalb wird im folgenden davon ausgegangen, daß ein Kabelbaum aus Leitungen, Steckverbindern und Kabelbindern besteht.

Aus der Analyse der Montageaufgaben bei der Montage eines Kabelbaumes lassen sich, wie in Bild 12 dargestellt, die Teilfunktionen eines programmierbaren Kabelbaummontagesystems ableiten /11, 12/.

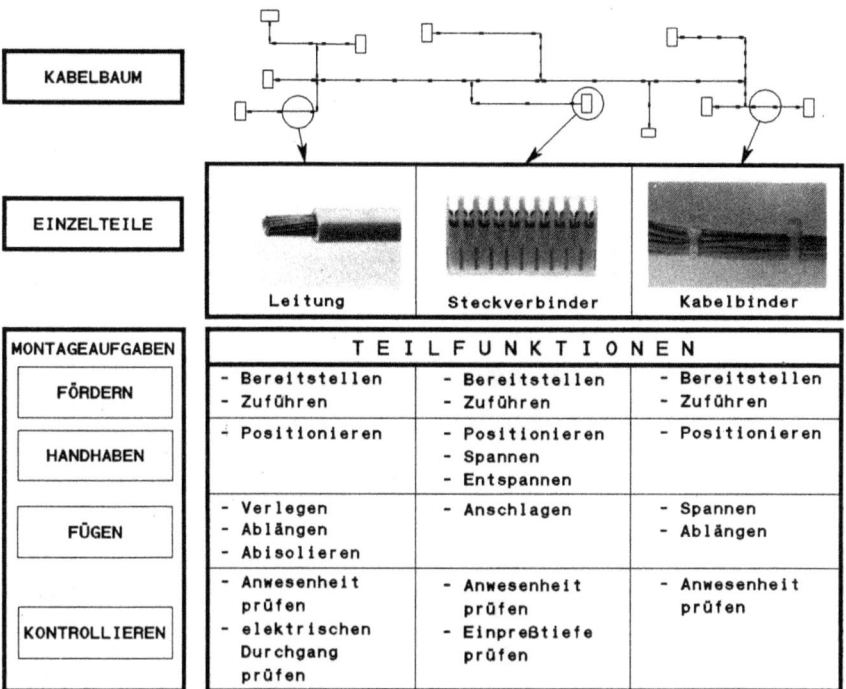

Bild 12: Gliederung der Teilfunktionen eines programmierbaren Kabelbaumsystems

Auf Basis dieser Teilfunktionen werden die Teilsysteme eines programmierbaren Kabelbaummontagesystems definiert (Bild 13).

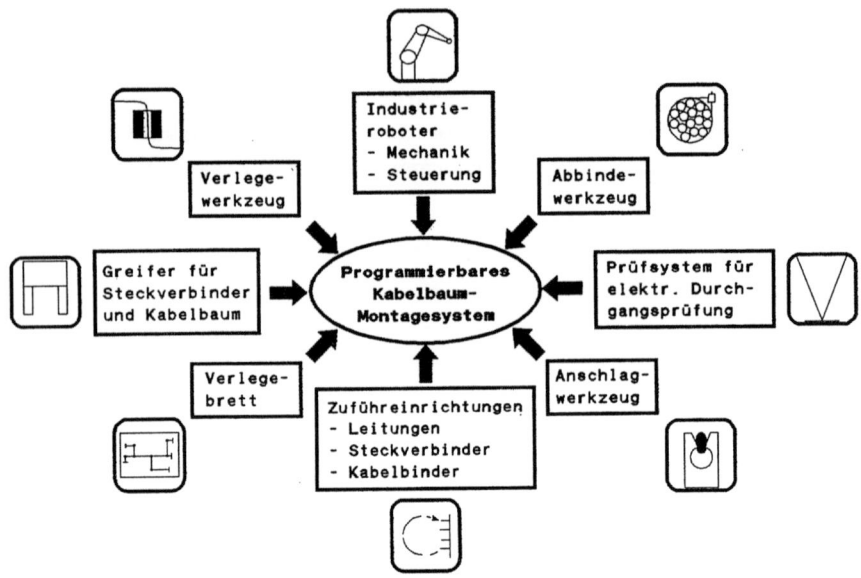

Bild 13: Teilsysteme eines programmierbaren Kabelbaummontagesystems

Da notwendige Zuführ- und Prüfeinrichtungen dem Stand der Technik entsprechen und ohne Probleme in ein flexibel automatisiertes Gesamtsystem integriert werden können, werden diese Teilsysteme nicht weiter betrachtet. Für die anderen Teilsysteme werden im folgenden die Anforderungen spezifiziert.

3.2.2 Anforderungen an das Gesamtsystem

Wie die Ergebnisse der Analyse des Produktspektrums zeigen, ist zur Erfüllung der unterschiedlichen Anforderungen an ein programmierbares Kabelbaummontagesystem die Entwicklung eines Lösungskataloges für alternative Gesamtsysteme notwendig. Aus den Analysenergebnissen läßt sich ein allgemeingültiges Pflichtheft ableiten, das je nach Anwendungsfall noch genauer spezifiziert werden muß.

Anforderungen an Gesamtsysteme zur automatischen Kabelbaummontage

- Produktionsleistung 5.000 - 500.000 Stück/a
- Montage von 1 - 20 Kabelbaumvarianten
- systemintegrierte Qualitätsprüfung
- Kabelbaumfläche bis zu 10 m^2
- Umrüstflexibilität bei Variantenfertigung durch Programmänderung, ohne manuellen Eingriff
- hohe Zuverlässigkeit, geringer Ausschuß
- hohe Wirtschaftlichkeit
- geringer Raumbedarf

Bild 14: Wichtige Anforderungen an Gesamtsysteme zur automatischen Kabelbaummontage

3.2.3   Anforderungen an die Teilsysteme

3.2.3.1 Handhabungssystem

Um im Vergleich zur manuellen oder teilautomatisierten Montage konkurrenzfähig zu sein, sollten bei der Montage von Kabelbäumen mit Industrierobotern annähernd die dort erreichten Zeiten erzielt werden. Dies stellt insbesondere Anforderungen an das Geschwindigkeits- und Beschleunigungsverhalten der Handhabungssysteme. Die notwendige Größe des Arbeitsraumes ist abhängig vom Produktspektrum, d.h. von der Größe der zu montierenden Kabelbäume. Bei flächenmäßig grossen Kabelbäumen kann der Arbeitsraum des Handhabungsgeräts durch den Einsatz einer zusätzlichen Linearachse oder eines x-y-Koordinatentisches nahezu unbegrenzt vergrößert werden.

Anforderungen an die Mechanik von programmierbaren Handhabungssystemen	● notwendig ○ wünschenswert

- ● Mindestens vier frei programmierbare Achsen
- ● Positioniergenauigkeit $\leq \pm\, 0,1$ mm
- ● Handhabungsgewicht ≥ 50 N
- ● Vertikale Projektionsfläche des Arbeitsraumes > 1 m^2
- ○ Verfahrgeschwindigkeit bei Linearinterpolation ≥ 2000 mm/s
- ○ Beschleunigung/Verzögerung > 2000 mm/s^2
- ○ Integrierte Werkzeugwechseleinrichtung

Bild 15: Anforderungen an die Mechanik von Handhabungssystemen

Anforderungen an die Steuerung und Programmierung von Handhabungssystemen	● notwendig ○ wünschenswert

- ● Bahnsteuerung mit Linearinterpolation
- ● Speicher für min. 1200 Raumpunkte und 400 Programmanweisungen
- ● Schnittstelle zur Verarbeitung digitaler und analoger Sensorsignale
- ○ Schnittstelle zur Off-line-Programmierung
- ○ Satzweise Programmierung von Geschwindigkeit und Beschleunigung
- ○ Einfache und schnelle Programmierung im Teach-in-Betrieb
- ○ Strukturierte Programmierung in Unterprogrammtechnik
- ○ Parameterübergabe vom Hauptprogramm in Unterprogramme und von Unterprogrammen in Unterprogramme
- ○ Zeitparallele Verarbeitung von Ein-/Ausgangssignalen
- ○ Einfache Fehlerdiagnose

Bild 16: Anforderungen an die Steuerung und Programmierung von Handhabungssystemen

Wie die Analysenergebnisse zeigen, liegen die Vorgabezeiten bei der manuellen Kabelbaummontage zwischen 5 min und 850 min. Unter der Annahme, daß ein automatisches Montagesystem annähernd gleich schnell ist, stellt dies hohe Anforderungen an die Speichergröße der Steuerung und an den Programmierkomfort. Besonders bei großer Variantenvielfalt von Kabelbäumen, die nach Möglichkeit auf einem Montagesystem gefertigt werden sollen, ist die Off-line-Erstellung der Ablaufprogramme zur Reduzierung der Rüstzeiten anzustreben.

3.2.3.2 Werkzeuge

Wie die Analyse der Arbeitsschritte zeigt, werden für die automatische Montage eines Kabelbaumes mindestens ein Verlegewerkzeug, ein Anschlagwerkzeug, ein Bündelwerkzeug und zwei Greifer zur Handhabung der Steckverbinder und des fertig montierten Kabelbaumes benötigt. Für die Werkzeuge können allgemeingültige Grundanforderungen abgeleitet werden, die um aufgabenspezifische Anforderungen erweitert werden müssen.

Grundanforderungen an die Werkzeuge zur aut. Kabelbaummontage

- Funktion an unterschiedliche Kabelbäume anpaßbar (Variantenflexibilität)
- Ausgleich von Toleranzen des Handhabungssystems und der Fügeteile
- Gewicht < 50 N
- Integrierte Prozeßüberwachung durch Sensoren
- Schnittstelle zu Werkzeugwechseleinrichtung
- Geringe Baugröße, Kompaktheit
- Geringer Herstellaufwand

Bild 17: Grundanforderungen an die Werkzeuge

Mit dem <u>Verlegewerkzeug</u> muß die Leitung gemäß vorgegebenen Verlegewegen auf dem Verlegebrett verlegt werden. Hierbei muß die Positionierung und Führung der Leitung sichergestellt werden. Beim Verlegevorgang muß insbesondere gewährleistet sein, daß die dabei in der Leitung wirkende Zugkraft keine Verformungen oder Beschädigungen der Leitung hervorruft. Zur Minimierung der Taktzeit ist besonderes Augenmerk auf die erreichbare Verlegegeschwindigkeit zu legen.

Das <u>Anschlagwerkzeug</u> dient zum Einpressen der Leitungen in die Schneidklemmverbinder. Hierzu muß die Lage der Leitungen relativ zu den Kontaktreihen des Schneidklemmverbinders gesichert werden. Die Einpreßtiefe der Leitung in die Kontaktreihen ist ein wichtiges Qualitätsmerkmal und muß deshalb überwacht werden. Die beim Einpreßvorgang wirkenden Kräfte dürfen keine Rückwirkungen auf den IR haben.

Das <u>Bündelwerkzeug</u> hat die Aufgabe, die fertig verlegten Kabelstränge so zusammenzufassen, daß die Form des Kabelbaumes bei der Entnahme vom Verlegebrett erhalten bleibt. Die Analyse des Produktspektrums zeigt, daß der Durchmesser von 85 % aller Kabelstränge zwischen 5 mm und 30 mm liegt.

Die <u>Greifer</u> zur Handhabung der Schneidklemmverbinder und der Kabelbäume müssen auf ein breites Typen- und Variantenspektrum der Teile ausgelegt sein. Durch die geeignete Auslegung der Greiferbacken können Greiferwechsel innerhalb des Handhabungssystems weitgehend vermieden werden.

3.2.3.3 Vorrichtungen

Das <u>Verlegebrett</u> muß mit allen Vorrichtungen für die Lagesicherung der Steckverbinder und zur Formgebung des Kabelbaumes bestückt sein. Das Verlegebrett muß zur Montage verschiedener Kabelbaumvarianten aus dem Arbeitsraum des IR entnehmbar oder schnell umrüstbar sein.

Zur exakten Positionierung der Steckverbinder müssen auf dem Verlegebrett <u>Steckeraufnahmen</u> angebracht werden. Die Steckeraufnahmen müssen schnell auf verschiedene Steckverbindervarianten umrüstbar und mit Vorrichtungen zur Lagesicherung der verlegten Leitungen versehen sein. Da die Befestigung der Leitungen an den Steckeraufnahmen bei jedem Kabelbaum ein oftmals zu wiederholender Vorgang ist, muß bei der Entwicklung eines geeigneten Verfahrens besonderer Augenmerk auf die hierzu notwendige Taktzeit gelegt werden. Zur integrierten elektrischen Durchgangsprüfung müssen in der Steckeraufnahme Gegenstecker zur Verbindung mit einem Prüfgerät angebracht sein.

Grundanforderungen an Vorrichtungen zur aut. Kabelbaummontage

- Funktion an unterschiedliche Kabelbäume anpaßbar (Variantenflexibilität)
- Möglichkeit zur Fertigung von sehr kleinen Losgrößen (Stückzahlflexibilität)
- Schnelle Umrüstbarkeit
- Geringer Zeitbedarf für die Funktionsdurchführung
- Automatisierungsgerechte Gestaltung
- Geringer Herstellaufwand

<u>Bild 18:</u> Grundanforderungen an notwendige Vorrichtungen

Die von der Kabelbaumkonstruktion vorgegebene zweidimensionale Anordnung der Kabelstränge auf dem Verlegebrett wird durch <u>Verlegehilfen</u> erreicht. Diese müssen die Kabelstränge an den Verzweigungspunkten des Kabelbaumes zusammenhalten und ein definiertes Höhenniveau der Kabelstränge gewährleisten. Die Entnahme des Kabelbaumes darf durch die Verlegehilfen nicht behindert werden.

4 Konzeption von flexibel automatisierten Gesamtsystemen

Das Ergebnis der Repräsentativerhebung zeigt, daß in den verschiedenen Anwendungsbereichen unterschiedliche Randbedingungen in bezug auf Stückzahl, Größe und Variantenvielfalt der Kabelbäume zu beachten sind. Die Arbeitsvorgänge bei der Montage eines Kabelbaumes sind jedoch immer dieselben. Für die Entwicklung automatisierter Lösungen bedeutet dies, daß unter Verwendung gleicher oder ähnlicher Werkzeuge zur Automatisierung der Montageoperationen für die verschiedenen Anwenderanforderungen angepaßte Gesamtkonzepte hergeleitet werden müssen. Hierzu müssen im ersten Schritt systematisch technische Lösungen für die notwendigen Teilfunktionen bei der automatischen Kabelbaummontage entwickelt werden.

4.1 Lösungskonzepte für Teilfunktionen

Von den in Kap 3.2.1 definierten Teilfunktionen eines programmierbaren Kabelbaummontagesystems kann die Bereitstellung der Einzelteile, die elektrische Durchgangsprüfung sowie die automatische Handhabung der Steckverbinder und des fertig montierten Kabelbaumes durch Anwendung von bekannten technischen Standardlösungen realisiert werden.

Für das Verlegen der Leitungen, das Bündeln der Kabelstränge und das Anschlagen der Schneidklemmverbinder müssen robotergerechte Lösungen entwickelt werden. Für diese Teilfunktionen eines programmierbaren Kabelbaummontagesystems zeigen die Bilder 19 und 20 morphologisch ermittelte Lösungsprinzipien sowie die Bewertung dieser Prinzipien anhand wichtiger Auswahlkriterien.

TEIL-FUNKTION	UNTERSCHEI-DUNGSMERKMAL	LÖSUNGSALTERNATIVE	VORTEILE	NACHTEILE
VERLEGEN	Leitungslänge beim Verlegen	auf Länge geschnitten	+ ein Verlegewerkzeug für alle Leitungen	− unproduktive Verfahrwege − exakte Vorabbestimmung der Leitungslänge
		endlos	+ geringe Nebenzeiten + Leitungslänge unabhängig vom Verlegeweg	− Leitungsvarianten bedingen mehrere Verlegewerkzeuge
	Magazinierung der Leitung	aufgewickelt	+ kein Verheddern der Leitung möglich	− hohe Nebenzeiten − hohe Kosten
		keine (direkt aus Leitungsfaß)	+ min. Nebenzeiten + geringer techn. Aufwand	− Leitung muß vorgespannt werden
		als Wirrgut magaziniert	+ geringer techn. Aufwand	− Verheddern der Leitung − hohe Nebenzeiten
ABLÄNGEN	Ort	bei Bereitstellung	+ zentrale Ablängeinrichtung	− exakte Vorabbestimmung der Leitungslänge
		im Verlegewerkzeug	+ keine Überlänge der Leitung	− Mitführung der Ablängeinrichtung im Verlegewerkzeug
	Zeitpunkt	vor Verlegen jeder Leitung	+ einfacher Aufbau des Verlegewerkzeugs	− exakte Vorabbestimmung der Leitungslänge
		nach Verlegen jeder Leitung	+ keine Blindleitungen + nicht ortsgebunden	− hoher Zeitaufwand
		nach Verlegen aller Leitungen	+ min. Prozeßzeit + nicht ortsgebunden	− Blindleitungen

Bild 19: Lösungsmöglichkeiten für das Verlegen und Ablängen der Leitungen als Teilfunktionen eines programmierbaren Kabelbaummontagesystems

TEIL-FUNKTION	UNTERSCHEI-DUNGSMERKMAL	LÖSUNGSALTERNATIVE	VORTEILE	NACHTEILE
ANSCHLAGEN 	Anzahl der gleichzeitig angeschlagenen Leitungen	einzelne Leitung 	+ mögliche Funktionsintegration in Verlegewerkzeug	- hoher Zeitaufwand
		alle Leitungen eines Steckverbinders 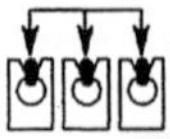	+ min. Prozeßzeit + konstante Einpreßtiefe	- hoher Kraftaufwand
	Ort	mobiles Anschlagwerkzeug 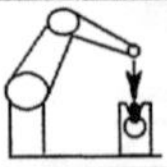	+ vom Industrieroboter handhabbar	- Größe durch Handhab.gew. des IR beschränkt
		stationäre Anschlagpresse 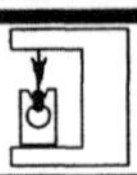	+ Aufbringung großer Einpreßkräfte möglich	- erfordert Handhabung des Kabelbaumes
BÜNDELN 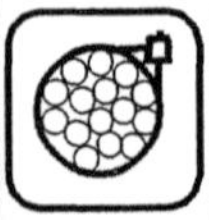	Bündelungstechnik	mit Kabelbindern 	+ individuelle Bestimmung der Abbindepunkte	- hohe Kosten für die Kabelbinder
		im Tauchbad 	+ geschlossene Schutzhülle	- hohe Kosten - erfordert Handhabung des Kabelbaumes
		mit Textilband 	+ individuelle Bestimmung der Bündelpunkte + Schutzfunktion	- Handhabung des biegeschlaffen Textilbandes
	Ort	stationäres Bündelwerkzeug 	+ günstige Bereitstellung des Bündelguts	- erfordert Handhabung des Kabelbaumes
		mobiles Bündelwerkzeug 	+ vom IR an individuellen Bündelpunkten handhabbar	- Größe durch Handhab.gew. des IR beschränkt

Bild 20: Lösungsmöglichkeiten für das Anschlagen und Bündeln der Leitungen als Teilfunktionen eines programmierbaren Kabelbaummontagesystems

Die technisch und wirtschaftlich beste Vorgehensweise zum Verlegen von Leitungen ist die, bei der die Leitungen mit einem Werkzeug endlos verlegt und im Verlegewerkzeug immer erst dann abgelängt werden, wenn keine weitere Leitung vom betreffenden Steckverbinder weiterführt. Die Leitung wird dabei nicht magaziniert, sondern direkt aus dem Bereitstellungssystem ("Leitungsfaß") heraus verlegt.

Durch die Verwendung eines mit einem IR handhabbaren Werkzeuges können alle Leitungen eines Steckverbinders gemeinsam angeschlagen werden, so daß die notwendigen Prozeß- und Handhabungszeiten minimiert werden.

Ebenso ist aus technischer Sicht die Verwendung eines Bündelwerkzeuges für Kabelbinder zu bevorzugen, das vom IR handhabbar und damit wahlfrei zum jeweiligen Abbindepunkt gebracht werden kann.

4.2 Alternative Ablaufkonzepte

Mögliche Gesamtsystemkonzepte für die automatische Komplettmontage von Kabelbäumen unterscheiden sich in der Arbeitsgangreihenfolge, in der Aufteilung der Arbeitsinhalte auf die verschiedenen Montagestationen und in der Anzahl und Verknüpfung der Montagestationen.

Kabelbäume sind immer aus denselben Einzelteilen aufgebaut. Die Typen- und Variantenvielfalt von Kabelbäumen entsteht durch die Verwendung verschiedener Typen und Varianten dieser Einzelteile und durch unterschiedliche geometrische Gestaltung der Kabelbäume. Die zur Montage eines Kabelbaumes notwendigen Arbeitsschritte können, bedingt durch den Produktaufbau, in zeitlich unterschiedlicher Reihenfolge durchgeführt werden. Die sich damit ergebenden Reihenfolgebeziehungen sind in Bild 21 als Vorranggraph /49/ dargestellt.

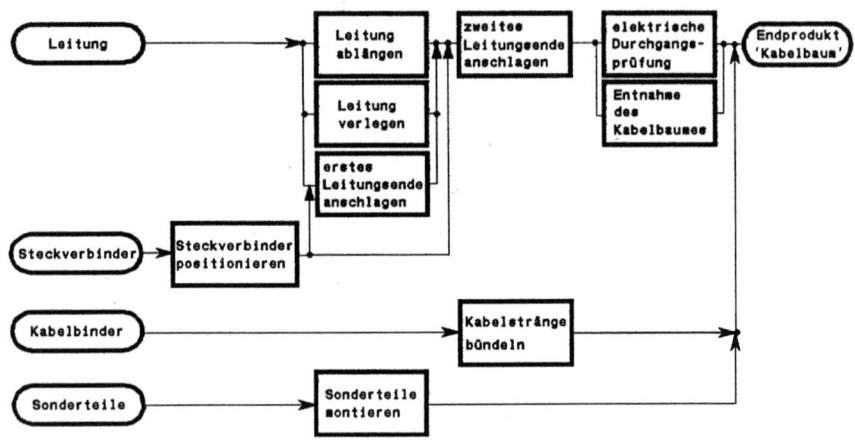

Bild 21: Vorranggraph für die Kabelbaummontage

Aus den Vorrangbeziehungen lassen sich unter Berücksichtigung folgender Voraussetzungen sechs alternative Ablaufkonzepte ableiten, die sich in der zeitlichen Reihenfolge der Arbeitsgänge unterscheiden (Bild 22):

- Eine einmal geschaffene definierte Lage eines Werkstücks (z.B. Leitung) soll bis zu dem Zeitpunkt aufrechterhalten bleiben, ab dem das Werkstück nicht mehr als Einzelteil gehandhabt werden muß.

- Arbeitsgänge, die mit demselben Werkzeug durchgeführt werden können, sollen direkt nacheinander erfolgen. Damit wird die Anzahl der Werkzeugwechsel minimiert.

- Manuell durchzuführende Arbeitsgänge (Sonderteilmontage) sollen zusammengefaßt werden. Diese Arbeitsgänge werden im folgenden nicht mehr betrachtet, da sie gemäß Bild 21 nach Beendigung aller automatisierbaren Arbeitsgänge in einem separaten Arbeitsbereich durchgeführt werden können.

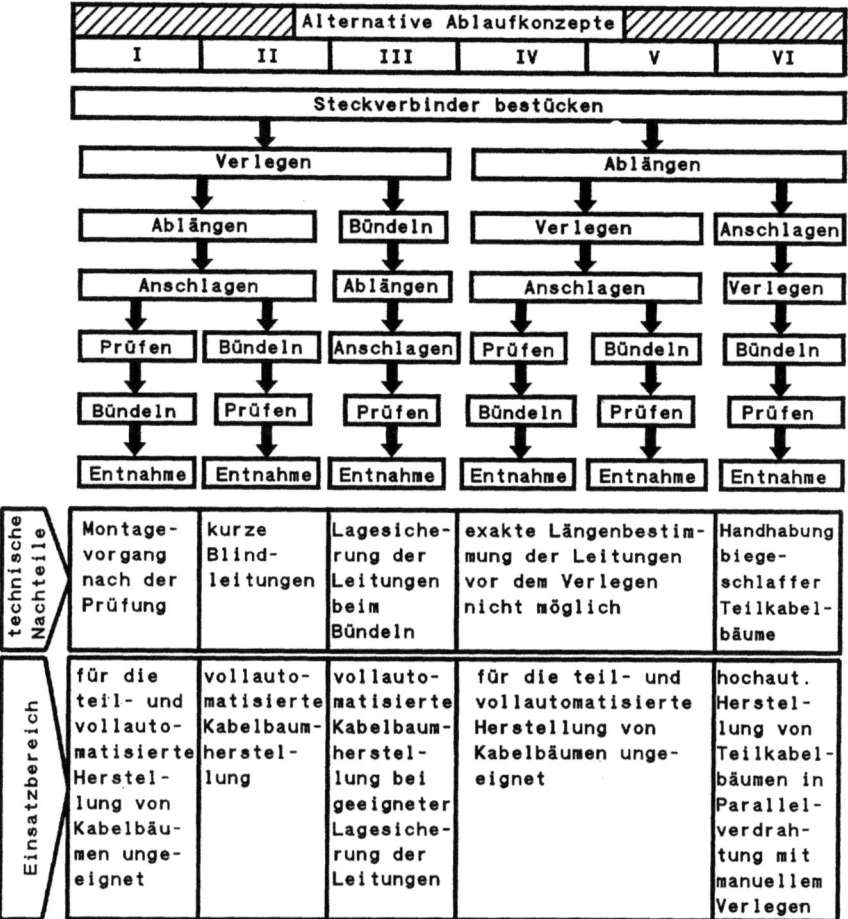

Bild 22: Alternative Ablaufkonzepte

Zur Auswahl geeigneter Lösungsmöglichkeiten sind die sechs Ablaufkonzepte in Bild 22 bewertend gegenübergestellt. Die ausgewählten Konzepte II und III erfüllen die Forderungen in bezug auf minimale Taktzeit und Fertigungssicherheit am besten und sind damit Basis für die weiteren Untersuchungen.

4.3 Lösungssystematik für Gesamtsysteme

Durch die Entwicklung universell einsetzbarer Werkzeuge und Vorrichtungen ist es möglich, alle Arbeitsschritte bei der Montage eines Kabelbaums zu automatisieren.

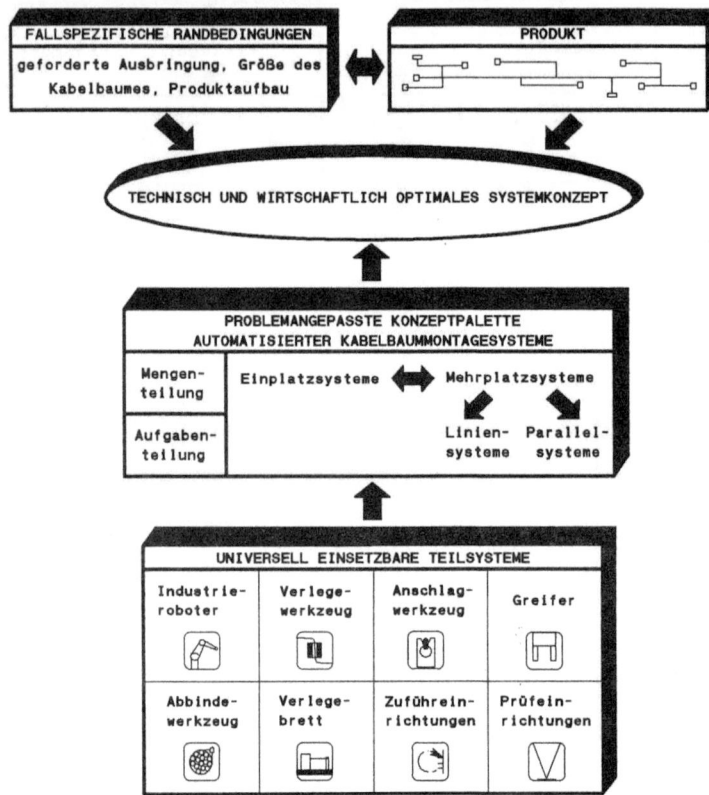

Bild 23: Mögliche Gesamtsystemalternativen durch die Entwicklung von universell einsetzbaren Teilsystemen

Die anwender- und kabelbaumspezifischen Randbedingungen (Stückzahl, Größe, Produktaufbau) können durch die Auswahl problemangepaßter Gesamtsysteme erfüllt werden (Bild 23).

4.4 Alternative Gesamtsystemprinzipien

4.4.1 Einplatzsystem

Ein Einplatzsystem besteht aus einem IR, der mit allen notwendigen Werkzeugen und Vorrichtungen zur Montage des ausgewählten Kabelbaumspektrums ausgerüstet ist. Dies bedingt die Verwendung eines Werkzeugwechselsystems am IR, um die verschiedenen Arbeitsgänge nacheinander durchführen zu können. Da die Werkzeuge damit zeitlich schlecht genutzt werden, muß im Hinblick auf die Rentabilität des Einplatzsystems die Vielfalt der verwendeten Werkzeuge möglichst stark eingeschränkt werden. Dem Einplatzsystem sind von Seiten des Produktspektrums daher enge Grenzen gesetzt. Kabelbäume mit mehr als fünf verschiedenen Steckverbinder- oder Leitungsvarianten sind für diese Systemkonfiguration nicht geeignet.

Voraussetzung für den Einsatz eines Einplatzsystems ist, daß die geforderte Stückzahl höchstens so groß wie die maximale Ausbringung der Montagezelle ist:

$$\frac{n_{soll} \times T_{KB} \times V}{T_S \times n_S} \leq 1$$

n_{soll} = geforderte Stückzahl (Stck)
T_S = Dauer einer Schicht (s)
n_S = Zahl der Schichten pro Tag (-)
T_{KB} = Taktzeit für die Montage eines Kabelbaums (s/Stck)
V = Verfügbarkeit des Gesamtsystems (-)

Wenn eine höhere Ausbringung des Montagesystems gefordert wird, kann diese nicht mehr von einem Einplatzsystem erbracht werden und es muß ein Mehrplatzsystem eingesetzt werden.

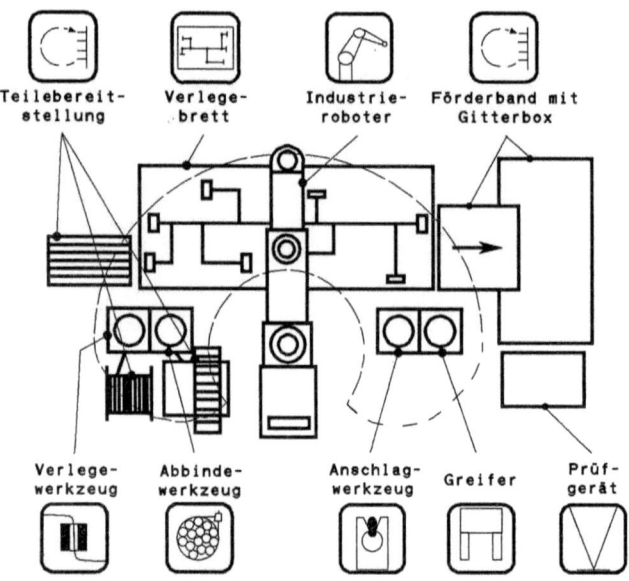

Bild 24: Einplatzsystem für die Kabelbaum-Komplettmontage mit einem Horizontalknickarmroboter

4.4.2 Mehrplatzsysteme

Mehrplatzsysteme bestehen aus einer Vielzahl von Montagerobotern, wobei der Arbeitsumfang zur Montage eines Kabelbaumes so aufgeteilt werden kann, daß

- entweder auf mehreren parallelen Montagezellen gleichzeitig mehrere Kabelbäume komplett hergestellt werden (Parallelsystem),
- oder daß auf mehreren miteinander verketteten Montagestationen jeweils nur ein Teil des gesamten Arbeitsumfangs durchgeführt wird (Liniensystem).

4.4.2.1 Parallelsystem

Ein Parallelsystem entsteht durch Vervielfachung von Einplatzsystemen. Ein Parallelsystem kann so aufgebaut sein, daß

- alle Montagezellen den identischen Arbeitsinhalt haben. Dies ist dann der Fall, wenn eine Kabelbaumvariante in so hoher Stückzahl montiert wird, daß die Ausbringung eines Einplatzsystems zu gering ist.

- in den verschiedenen Montagezellen verschiedene Kabelbäume hergestellt werden. Dabei sind einzelne Montagezellen mit unterschiedlichen, typspezifischen Werkzeugen und Vorrichtungen ausgerüstet. Dieses Systemprinzip wird dann eingesetzt, wenn mehr als zwei Kabelbaumtypen in genügend großer Stückzahl montiert werden sollen.

In Parallelsystemen wird beim Ausfall einer Montagezelle die Ausbringung der anderen Montagezellen nicht beeinträchtigt. Der Aufwand für die Materialbereitstellung in einem Parallelsystem ist hoch, da in jeder Montagezelle alle Einzelteile für die zu montierenden Kabelbäume benötigt werden. Ebenso wie beim Einplatzsystem muß jede Montagezelle eines Parallelsystems mit allen Werkzeugen und Vorrichtungen zur Montage des ausgewählten Kabelbaumspektrums ausgerüstet sein.

Die Taktzeit jeder einzelnen Montagestation eines Parallelsystems berechnet sich wie beim Einplatzsystem. Die Ausbringung des Gesamtsystems ist abhängig von der Anzahl der eingesetzten Montagestationen.

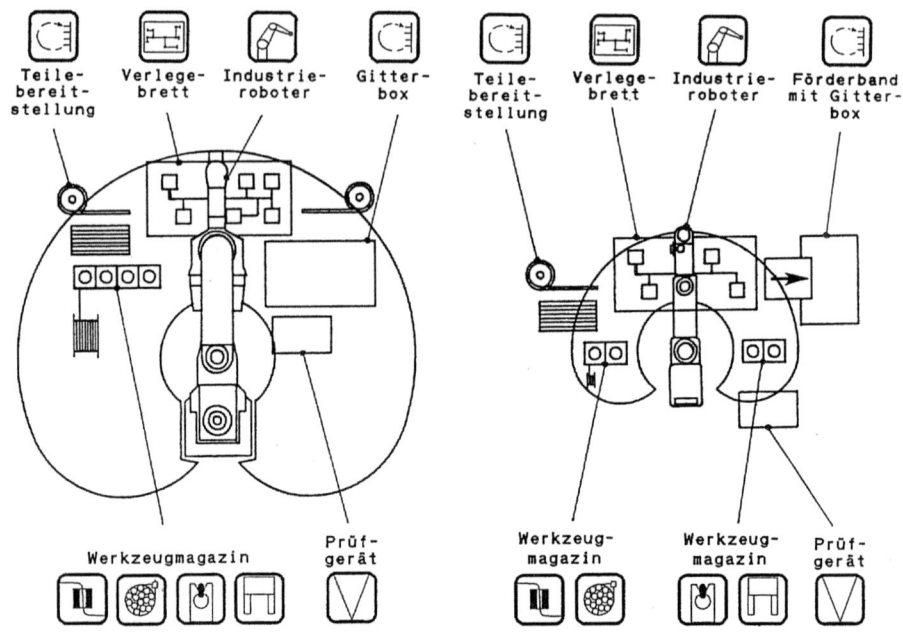

Bild 25: Parallelsystem für die Komplettmontage verschiedener Kabelbaumtypen

4.4.2.2 Liniensystem

Ein Liniensystem zur Kabelbaummontage besteht aus mehreren miteinander verketteten Montagestationen, auf die der gesamte Arbeitsinhalt zur Montage eines Kabelbaumes aufgabenbezogen verteilt ist. Die Betriebsmittel sind örtlich so angeordnet, daß die Reihenfolge der Montagestationen mit der Arbeitsgangreihenfolge übereinstimmt. Liniensysteme eignen sich für die Herstellung hoher Stückzahlen. Im Extremfall kann ein Liniensystem auf die Montage einer Kabelbaumvariante ausgelegt und abgetaktet werden.

Die Typenflexibilität eines Liniensystems ist gering, da sie nur durch den Austausch von Werkzeugen und Vorrichtungen realisiert werden kann. Die Montage von Produktvarianten muß bei einem Liniensystem aus Gründen der Wirtschaftlichkeit losweise erfolgen, da ein wahlfreier Modell-Mix-Betrieb eine schlechte Auslastung der Einzelstationen zur Folge hat.

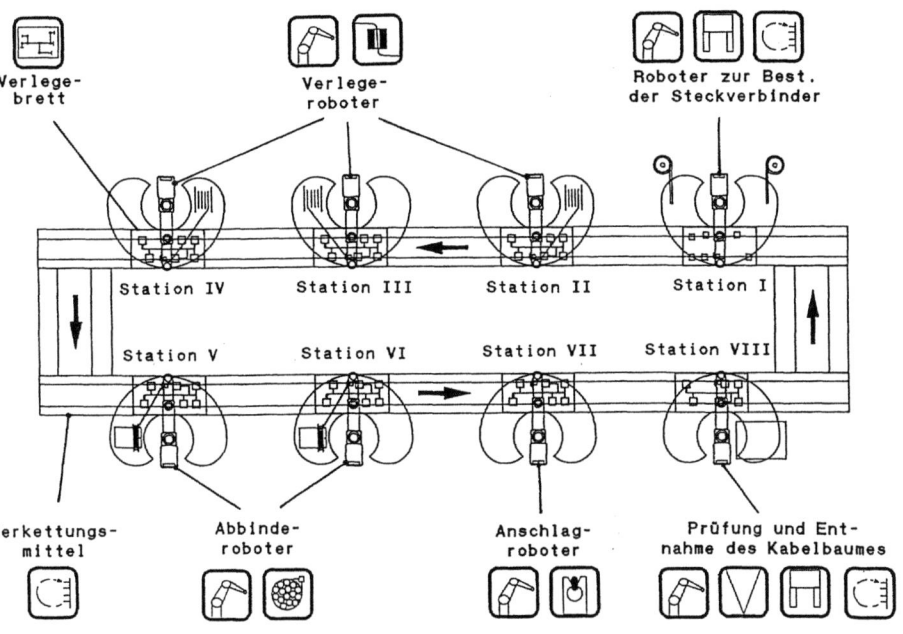

Bild 26: Liniensystem zur Komplettmontage von Kabelbäumen mit umlaufenden Verlegebrettern

Die Gesamtverfügbarkeit eines Liniensystems ist geringer als bei einem Parallelsystem, da der Ausfall einer Station nach Abarbeitung der Puffer zwischen den Stationen zum Stillstand des Gesamtsystems führt.

Aufgrund der Aufteilung des gesamten Montageumfangs auf mehrere Stationen reduziert sich im Vergleich zum Parallelsystem der technische und finanzielle Aufwand für Werkzeuge, Vorrichtungen und Materialbereitstellung an den einzelnen Stationen. Die Taktzeit einer Station eines Liniensystems liegt aufgrund der Arbeitsteilung unter der eines vergleichbaren Parallelsystems.

4.5 Vergleich der Gesamtsystemprinzipien

4.5.1 Qualitative Abgrenzung der Systemprinzipien

Die Gegenüberstellung der entwickelten Konzepte zeigt, daß die Einsatzbereiche für die verschiedenen Systemprinzipien primär von der geforderten Ausbringung sowie von der Typen- und Variantenvielfalt der Kabelbäume und den damit verbundenen Flexibilitätsanforderungen an das Systemkonzept abhängen (Bild 27).

Die in Kapitel 3.2.1 definierten Arbeitsinhalte eines Kabelbaummontagesystems können in Abhängigkeit von der geforderten Ausbringung in einer Montagestation zusammengefaßt (aufgabenbezogenen Zuordnung) oder auf mehrere Montagestationen aufgeteilt werden (stückzahlbezogene Zuordnung). Wenn die geforderte Stückzahl die maximale Ausbringung einer Montagestation übersteigt, ist eine Aufteilung der Arbeitsinhalte auf mehrere Stationen zwangsweise notwendig:

$$n_{soll} \geq \frac{T_S \times n_S}{T_{KB} \times V}$$

n_{soll} = geforderte Stückzahl (Stck)
T_S = Dauer einer Schicht (s)
n_S = Zahl der Schichten pro Tag (-)
T_{KB} = Taktzeit für die Montage eines Kabelbaums (s/Stck)
V = Verfügbarkeit des Gesamtsystems (-)

GESAMTSYSTEMKONZEPTE			
System- konfigura- tion Unterschei- dungsmerkmale	Einplatzsystem 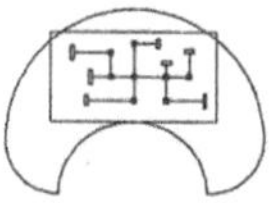	Parallelsystem 	Liniensystem 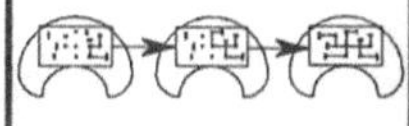
Ausbringung	< 20 Stck/h	< n_{IR} * 20 Stck/h	> n_{IR} * 10 Stck/h
Aufwand für Teile- bereitstellung	100%	n_{IR} * 100%	100%
Nutzungsgrad der Peripheriekomp.	< 30%	< 30%	100%
Programmierauf- wand/Kabelbaumtyp	100%	n_{IR} * 100%	ca. 80%
Arbeitsteilung	keine	keine	aufgabenbezogen
mögliche Produkt- komplexität	gering bis mittel	gering bis mittel	gering bis hoch
Produkt- flexibilität	Varianten- flexibilität	Typen- flexibilität	Varianten- flexibilität
Störungs- flexibilität	keine	hoch	abhängig von Pufferauslegung
Mobilität des Verlegebretts	ortsgebunden	ortsgebunden	ortsveränderlich

Bild 27: Vergleich der Systemprinzipien

Bei der Montage von nur einer Kabelbaumvariante in genügend hoher Stückzahl kann die Aufteilung der Arbeitsinhalte auf mehrere Montagestationen rechnerisch auf Basis der für die einzelnen Arbeitsgänge vorgegebenen Taktzeiten erfolgen.

Sollen jedoch verschiedene Varianten eines Kabelbaumes oder unterschiedliche Kabelbaumtypen in so hoher Stückzahl gefertigt werden, daß hierzu mehrere Industrieroboter notwendig sind, so erfolgt die Aufteilung der Arbeitsinhalte auf die verschiedenen Montagestationen aufgabenbezogen. Hier muß zwischen typen- oder variantenspezifischer Aufteilung unterschieden werden. Mit der Zuordnung zwischen Produktspektrum und Arbeitsinhalt kann damit die Flexibilität des Gesamtsystems festgelegt werden.

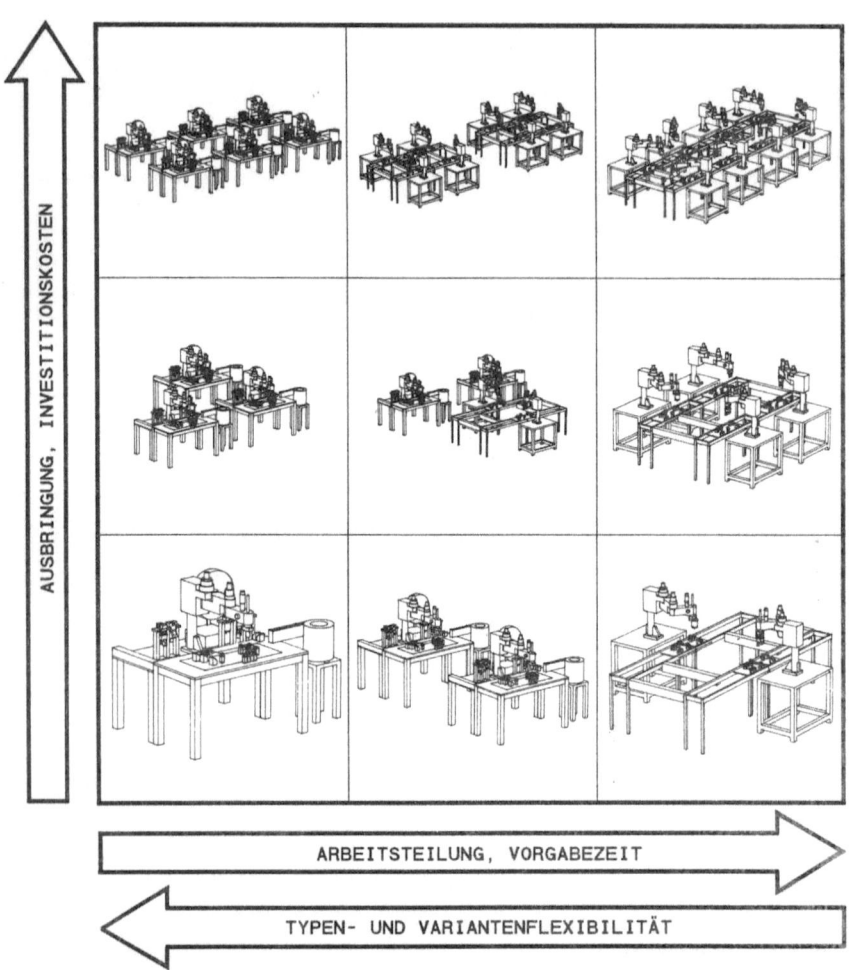

Bild 28: Darstellung der Gesamtsystemprinzipien und qualitative Zuordnung der Einsatzbereiche

Es ist nicht möglich, ein Gesamtkonzept zu entwerfen, das für die Montage aller Kabelbäume geeignet ist. Da der Arbeitsablauf und die hierfür notwendigen Werkzeuge und Vorrichtungen aber eindeutig definiert werden können (Kap. 4.1 und 4.2), ist es möglich, für die verschiedenen Einsatzbereiche ein Lösungsfeld im Sinne einer Baukastensystematik zu entwickeln. Diese Vorgehensweise erlaubt die Gestaltung eines automatischen Kabelbaummontagesystems durch geeignete Zusammenstellung einzelner Automatisierungskomponenten in Abhängigkeit vom Produktaufbau der Kabelbäume.

Die quantitative Zuordnung von Systemprinzip und Produktspektrum muß durch systematische Untersuchung der wirtschaftlichen Randbedingungen und unter Berücksichtigung der technischen Kennzahlen der Teilsysteme hergeleitet werden.

Bild 28 zeigt das qualitative Lösungsfeld für die möglichen Gesamtsystemprinzipien in Abhängigkeit von der Ausbringung, sowie der Typen- und Variantenflexibilität.

4.5.2 Taktzeit und Ausbringung

Mit Hilfe von Zeitkennwerten, die für jeden Arbeitsschritt bei der Kabelbaummontage mit Industrierobotern experimentell ermittelt werden müssen, lassen sich für die entwickelten Systemprinzipien die Zeiten für die automatische Montage eines Kabelbaums ableiten. Damit können, in Abhängigkeit von der Geometrie des zu untersuchenden Kabelbaumes und des ausgewählten Systemprinzips, neben der Taktzeit auch die mögliche Ausbringung und die erforderliche Anzahl von IR errechnet werden (Bild 29).

Kennwerte \ Systemkonzept	Einplatzsystem	Parallelsystem	Liniensystem
Zeit für Bestückung der Steckverb. T_{Be}	$T_{KBe} \times n_{St} + T_{WW}$		$T_{KBe} \times n_{St} + T_{WTW}$
Zeit für Verlegen der Leitungen T_{Ver}	$\dfrac{l_{KB}}{v_{Ver}} + T_{WW}$		$\dfrac{l_{KB}}{v_{Ver}} + T_{WTW}$
Zeit für Abbinden T_{Abb}	$T_{KAbb} \times n_{Abb} + T_{WW}$		$T_{KAbb} \times n_{Abb} + T_{WTW}$
Zeit für Anschlagen T_{An}	$T_{KAn} \times n_{St} + T_{WW}$		$T_{KAn} \times n_{St} + T_{WTW}$
Zeit für Entnahme T_{Ent}	$T_{KEnt} + T_{WW}$		$T_{KEnt} + T_{WTW}$
Zeit für die Montage eines Kabelbaums T_{KB}	$T_{Be} + T_{Ver} + T_{Abb} + T_{An} + T_{Ent}$		
Taktzeit T_T	T_{KB}	$\dfrac{\sum_{IR=1}^{n} T_{KB,IR}}{n_{IR}}$	Max. $(T_{Be}, T_{Ver}, T_{Abb}, T_{An}, T_{Ent})$
Ausbringung A	$\dfrac{T_S \times n_S \times V}{T_{KB}}$	$\dfrac{T_S \times n_S \times V}{\sum_{IR=1}^{n} T_{KB,IR}}$	$\dfrac{T_S \times n_S \times V}{T_T}$
Zahl der IR n_{IR}	1	$\dfrac{n_{KB,soll} \times T_{KB}}{T_S \times n_S \times V}$	$\dfrac{n_{KB,soll} \times T_{KB}}{T_S \times n_S \times V}$

Bild 29: Zusammenhänge zur Berechnung der Kennwerte der entwickelten Gesamtsystemprinzipien

Weiterhin kann durch die Ermittlung der Kosten für die erforderlichen Teilsysteme ein Investitions- und Montagestückkostenvergleich zwischen den Gesamtsystemprinzipien durchgeführt werden (vgl. Kap. 8).

5 Entwicklung von Verfahren und Werkzeugen für ausgewählte Querschnittsprobleme bei der Kabelbaummontage

5.1 Verfahren zum Verlegen von Leitungen

Beim automatischen Verlegen müssen die auf einer Rolle oder in einem Faß bereitgestellten Leitungen gemäß den durch die Konstruktionszeichnung des Kabelbaumes vorgegebenen Wegen verlegt werden. Die Arbeitsschritte beim Verlegen sind im einzelnen:

- Befestigung der Leitungsenden auf dem Verlegebrett,
- Verlegen der Leitungen entlang den vorgegebenen Verlegewegen,
- Ablängen der Leitungen nach dem Verlegevorgang.

Bei der Entwicklung von Verfahren zum Verlegen von Leitungen muß die hierfür erforderliche Taktzeit besondere Beachtung finden. Diese kann durch die Lösung folgender Querschnittsprobleme optimiert werden:

1. Minimierung der durch die Verfahrbewegung des IR im Verlegewerkzeug auftretenden Reibkräfte, so daß auch bei hoher Verfahrgeschwindigkeit keine Beschädigungen an der Leitung auftreten.

2. Befestigung der Leitungsenden auf dem Verlegebrett unter Berücksichtigung der notwendigen Montagezeit.

3. Reduzierung der unproduktiven Verfahrwege des IR, die zwischen dem Ablängen einer Leitung und dem Beginn des Verlegevorgangs bei der nächsten Leitung entstehen.

Diese Punkte werden im folgenden eingehend untersucht.

5.1.1 Minimierung der Reibkräfte

Um plastische Verformungen oder Bruch der Leitung beim Verlegen zu vermeiden, ist eine Optimierung zwischen der Gestaltung des Verlegerohrs und der in der Leitung wirkenden Zugkraft notwendig. Die Zugkraft in der Leitung resultiert dabei aus den Reibungskräften an der Isolationshülle der Leitung, die durch die Bewegung der Leitung während des Verlegevorgangs im Verlegewerkzeug entstehen. Dieses Querschnittsproblem kann durch konstruktive Maßnahmen am Verlegewerkzeug gelöst und optimiert werden.

Maßnahmen zur Reduzierung der Reibkräfte beim Verlegen von Leitungen							
Werkstoffoptimierung	Relativbewegung zwischen Leitung und Verlegerohr			Optimierung der geometrischen Gestalt		Zugentlastung
	Verlegerohr aus Gleitwerkstoff	oszill. Hubbewegung des Verleger.	Rollreibung	Rotat.-bewegung des Verlegerohrs	Fase/ Radius am Verlegerohr	Durchmesserverh. Rohr/ Leitung	Vorschubeinrichtung
Prinzipskizze	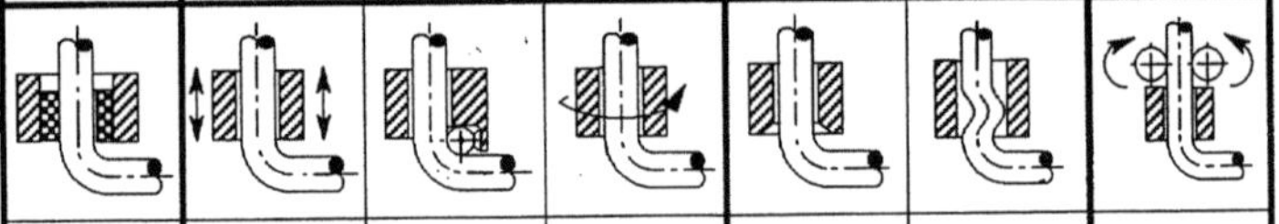						
Reibungsreduzierung	60 %	20 %	90 %	20 %	40 %	50 %	100 %
Richtungsunabhängigk.	ja	ja	nein	ja	ja	ja	ja
technischer Aufwand	gering	hoch	mittel	hoch	sehr gering	sehr gering	sehr hoch
Baugröße	5 %	50 %	40 %	50 %	5 %	5 %	100 %

Bild 30: Konstruktive Maßnahmen zur Verminderung der Reibungskräfte im Verlegewerkzeug

Die als konstruktive Maßnahmen aufgeführte Relativbewegung zwischen Leitung und Verlegerohr sowie der Einbau einer Vorschubeinrichtung in das Verlegewerkzeug wird nicht weiterverfolgt, da der technische Aufwand zur Realisierung dieser Lösungen unverhältnismäßig hoch ist und dieselben Ergebnisse auch mit Hilfe der anderen aufgeführten Verfahren erreicht werden können.

Zur Untersuchung der in einem Verlegewerkzeug auftretenden Reibkräfte und zur Optimierung der relevanten Parameter wurde ein Funktionsträger entwickelt und realisiert (Bild 31).

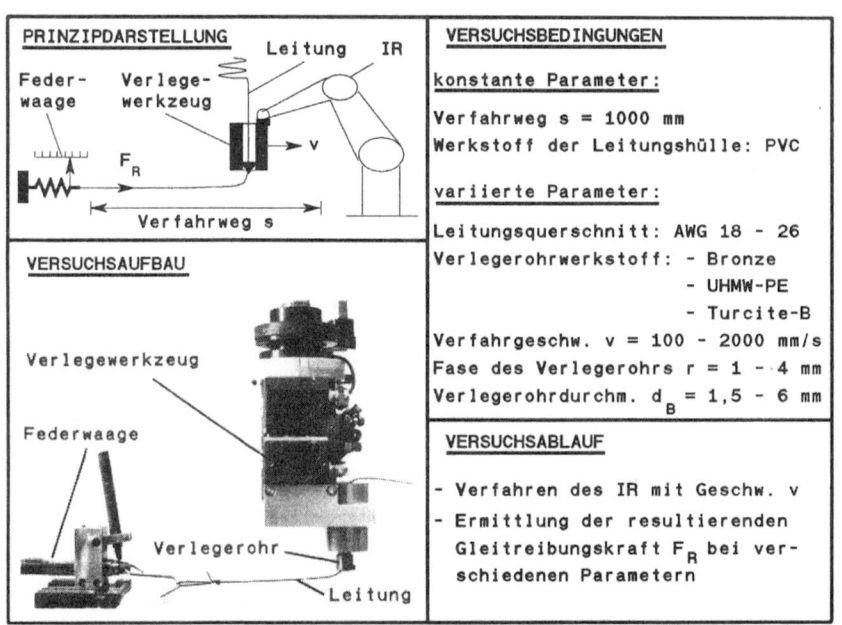

Bild 31: Versuch zur Minimierung der Reibkräfte im Verlegewerkzeug

Durch Integration einer Federwaage in die zu verlegende Leitung wird die in der Leitung resultierende Reibkraft F_R gemessen. Der Versuchsträger kann durch Austausch des Verlegerohrs schnell an die erforderlichen Versuchsbedingungen angepaßt werden.

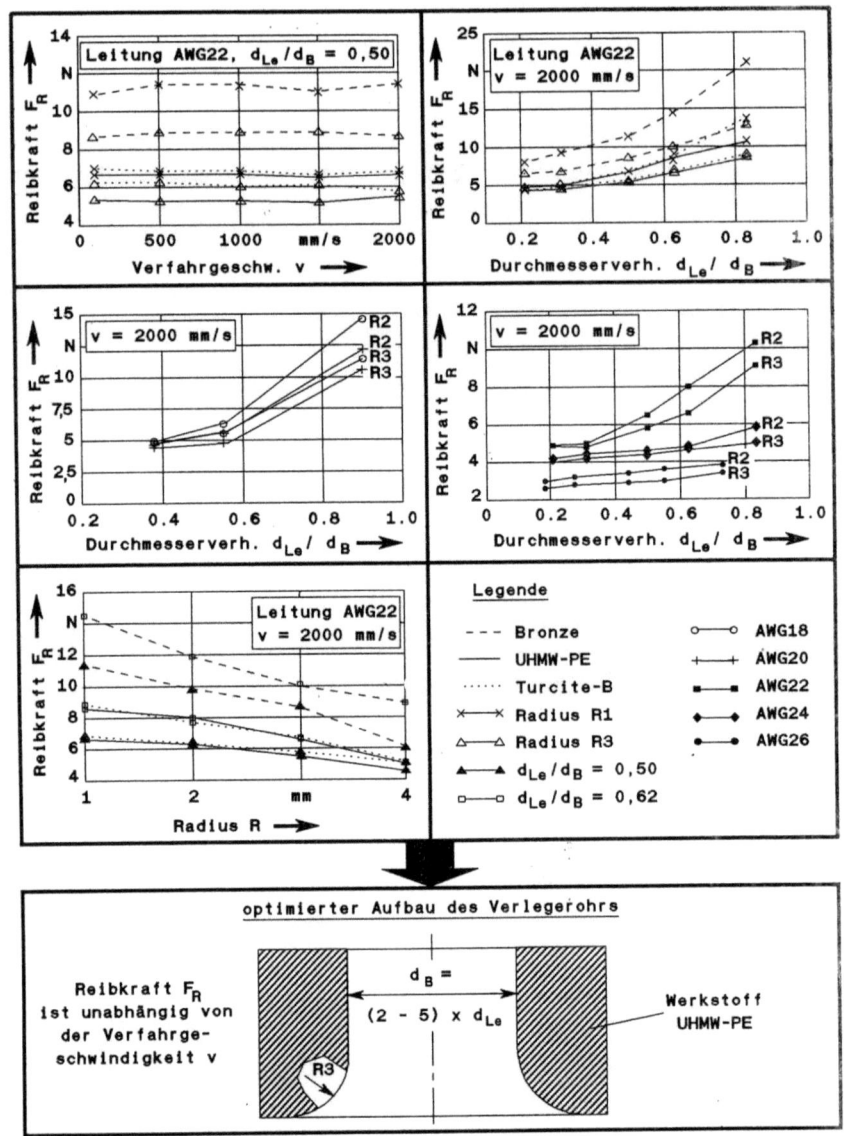

Bild 32: Einfluß zwischen der Gestaltung des Verlegerohrs und der daraus beim Verlegen in der Leitung resultierenden Reibkraft F_R

In den Versuchen wurden alle wesentlichen Einflußfaktoren auf die Reibkraft F_R (Verlegegeschwindigkeit v, Leitungsquerschnitt, Werkstoff des Verlegerohrs, Verlegerohrdurchmesser d_B und Austrittsradius R) systematisch optimiert.

Die verwendeten Verlegerohrwerkstoffe wurden in bezug auf Verschleißfestigkeit und Gleitfähigkeit ausgewählt. Als Ausgangswert wurde die Bruchlast beim untersuchten Leitungsspektrum ermittelt. Diese liegt im Bereich zwischen 28 N (AWG 26) und 190 N (AWG 18).

Die Versuchsergebnisse in Bild 32 zeigen, daß

- die resultierende Reibkraft F_R unabhängig von der Verfahrgeschwindigkeit des Verlegewerkzeuges ist.
- durch Verwendung eines Gleitwerkstoffes die Reibkraft F_R gegenüber einem Verlegerohr aus polierter Bronze um bis zu 60 % reduziert werden kann.
- die in der Leitung wirkende Zugkraft F_R bei einem Durchmesserverhältnis d_{Le}/d_R von 0,2 bis 0,5 am geringsten ist.
- mit abnehmendem Leitungsquerschnitt die Reibkraft F_R und der Einfluß des Durchmesserverhältnisses d_{Le}/d_R auf die Reibkraft F_R abnimmt.
- in Abhängigkeit vom Radius der Austrittsöffnung des Verlegerohrs die Reibkraft um bis zu 50 % vermindert werden kann.

Durch optimale Kombination der verschiedenen Einflußfaktoren kann bei den untersuchten Leitungsquerschnitten die in der Leitung wirkende Reibkraft F_R auf 2,7 N bis 5 N minimiert werden. Damit liegt die Reibkraft F_R um den Faktor 10 (AWG 26) bis 38 (AWG 18) unter der Bruchlast einer Leitung.

5.1.2 Befestigung der Leitungsenden

Zu Beginn und am Ende jedes Verlegevorgangs müssen die Leitungsenden vom Industrieroboter auf dem Verlegebrett so befestigt werden, daß die verlegten Leitungen ihre Lage bis zur Beendigung aller Arbeitsschritte beibehalten und das Leitungsende in keinem der nachfolgenden Arbeitsgänge eine Störung des Arbeitsablaufs hervorrufen kann.

Mögliche Prinzipien für die automatisierungsgerechte Befestigung der Leitungsenden auf dem Verlegebrett zeigt Bild 33. Für die Auswahl einer geeigneten Lösungsalternative ist neben der erforderlichen Taktzeit insbesondere die Baugröße der Befestigungsmethode von Bedeutung, da sich der Abstand zwischen den verlegten Leitungen an den gängigen Rastermaßen von Schneidklemmverbindern orientieren muß.

● gut ◐ mittel ○ schlecht	Lösungsvarianten				
	Klemmung durch äußere Krafteinwirkung		Selbsthemmung		
Bewertungs- kriterien	mechanische Klemmung 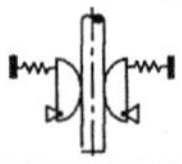	pneumatische Klemmung 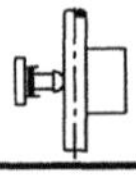	Umfahren eines Stifts 	Verlegekamm 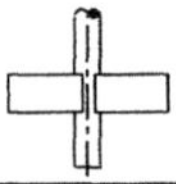	Abknicken 
Lagezen- trierung	●	◐	●	●	◐
Bidirektio- nalität	○	●	●	●	●
Funktions- sicherheit	◐	●	◐	●	◐
Taktzeit	60 %	100 %	80 %	40 %	90 %
min. Rastermaß	> 10 mm	> 20 mm	1 mm	1 mm	1 mm
Herstell- kosten	100 %	80 %	1 %	2 %	1 %

<u>Bild 33:</u> Lösungsprinzipien zur Befestigung der Leitungsenden und deren Bewertung

Das Prinzip des Verlegekamms, bei dem die Leitung mit dem Verlegewerkzeug in eine Längsnut eingedrückt und dabei so verformt wird, daß sie im Verlegekamm festklemmt, ist die Lösung, die die wichtigsten Kriterien am besten erfüllt. Bei Verwendung eines Verlegekamms kann insbesondere durch lineares Überfahren mit hoher Verfahrgeschwindigkeit das Leitungsende ohne Einwirkung zusätzlicher Funktionselemente automatisch geklemmt und damit die Taktzeit für diesen Vorgang extrem niedrig gehalten werden.

Die Befestigung der Leitungsenden bei der Verwendung eines Verlegekamms läuft wie folgt ab (Bild 34):

- Der IR mit dem angeflanschten Verlegewerkzeug fährt mit der Bahngeschwindigkeit v in x-Richtung auf den Verlegekamm zu. Um Toleranzen in y-Richtung auszugleichen, die aufgrund von Positionsabweichungen des Verlegewerkzeugs entstehen können, wird das Verlegerohr in y-Richtung nachgiebig gelagert und mit einer Feder vorgespannt.
- Das Verlegerohr verschiebt sich bei Berührung des Verlegekamms in y-Richtung. Das aus dem Verlegerohr herausstehende Leitungsende beginnt sich zu verformen.
- Das Leitungsende wird in den Verlegekamm eingepreßt. Dabei wird die Isolationshülle plastisch verformt.
- Das Verlegerohr hat den Verlegekamm überfahren und gleitet an diesem in y-Richtung ab. Dadurch wird die Leitung tiefer in den Verlegekamm eingepreßt.
- Durch diese Fixierung der Leitung resultiert eine Haftkraft F_H, die der Zugkraft F_R in der Leitung entgegenwirkt, die durch die während der folgenden Verfahrbewegungen des Verlegewerkzeugs resultierenden Reibkräfte im Verlegerohr entsteht. Unter der Voraussetzung, daß $F_H > F_R$ ist sichergestellt, daß das Leitungsende sicher in Position gehalten wird.

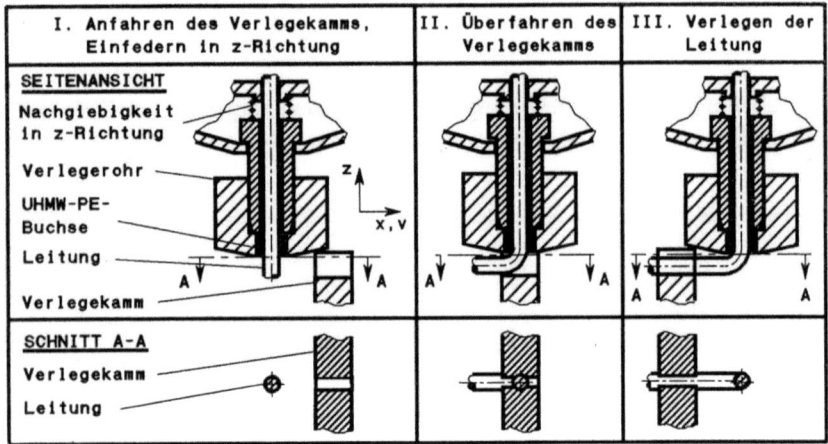

Bild 34: Ablauf bei der Befestigung eines Leitungsendes im Verlegekamm

5.1.2.1 Optimierung des Verlegekamms

Zur Ermittlung der optimalen geometrischen Gestaltung des Verlegekamms wurde eine Versuchsreihe durchgeführt, bei der der Einfluß aller wesentlichen Parameter wie Vorpressung der Leitung, Kammlänge und Gestaltung von Fasen und Schneidkanten untersucht wurde (Bild 35).

Aus den Versuchen lassen sich folgende Erkenntnisse ableiten:

- Die größte Haltekraft F_H wird bei einer Leitungsvorpressung b_{Ka}/d_{Le} von 70 % bis 75 % erreicht. Bei einer Vorpressung kleiner 70 % wird die Leitung beim Überfahren des Verlegekamms mechanisch zerstört und nicht mehr in den Verlegekamm eingepreßt. Wenn b_{Ka}/d_{Le} größer 90 % ge-

wählt wird, wird die Leitung nur noch unwesentlich verformt und die Haltekraft F_H nimmt stark ab.
- Die Kammlänge sollte mindestens die 4-fache Länge des Leitungsdurchmessers besitzen, um eine genügend grosse Haltekraft F_H zu erzielen.

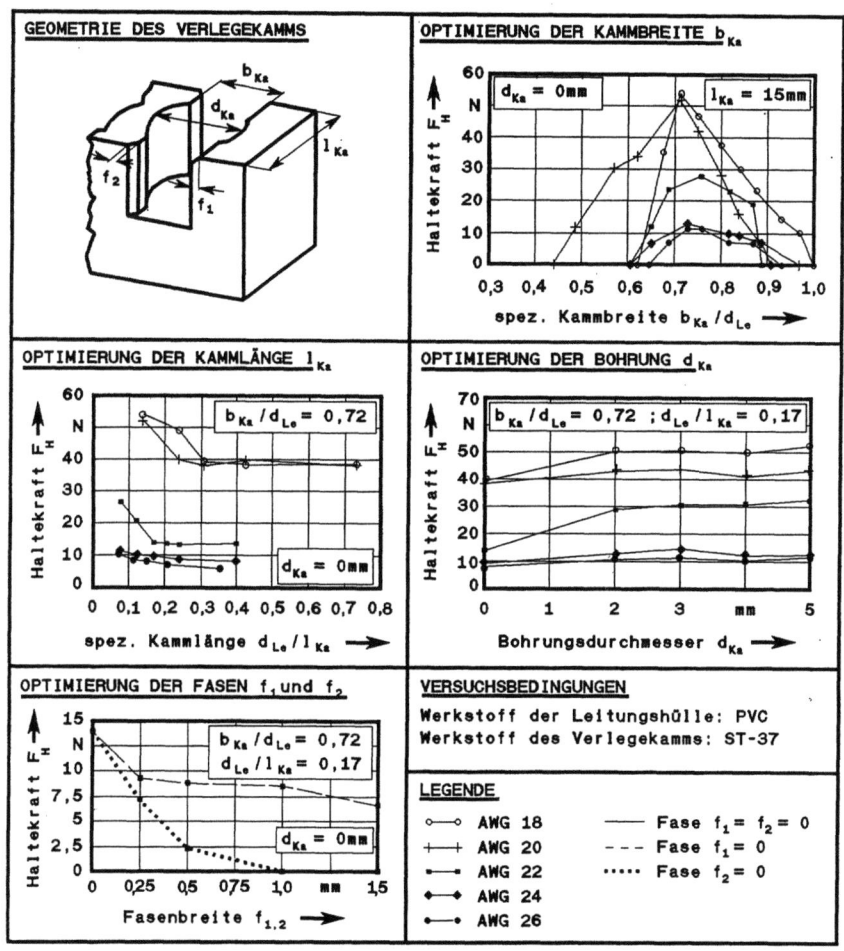

Bild 35: Optimierung der Verlegekamm-Geometrie

- Das Anbringen von Fasen an den Eintrittskanten vermindert die Haltekraft F_H sehr stark, da die Leitung dann nicht mehr genügend tief in den Verlegekamm eingedrückt wird.
- Durch Anbringung einer Bohrung in der Mitte des Verlegekamms entsteht eine zweite Kante, an der die Leitung zusätzlich verformt wird. Bei einem Bohrungsdurchmesser d_{Ka} von 3 mm erhöht sich damit die Haltekraft F_H um ca. 30 %.

Der Verlegekamm erhält mit folgenden Parametern die optimale geometrische Gestaltung in bezug auf die resultierende Haltekraft F_H :

- Kammlänge $l_{Ka} = (5 - 10) \times d_{Le}$
- Kammbreite $b_{Ka} = (0,7 - 0,75) \times d_{Le}$
- Bohrungsdurchmesser $d_{Ka} = 3$ mm
- Fasen $f_1 = f_2 = 0$ mm

Bei Verwendung eines Verlegekamms mit diesen Parametern beträgt die maximal erreichbare Haltekraft F_H in Abhängigkeit vom Leitungsquerschnitt zwischen 11,2 N und 54,5 N. Die Haltekraft F_H ist damit mehr als 4-fach so hoch als die in Kap. 5.1.1 ermittelte Reibkraft F_R in der Leitung. Damit ist das Halten der Leitung im Verlegekamm während des Verlegevorgangs sicher gewährleistet.

5.1.3 Taktzeitoptimales Verlegen der Leitungen

Die Taktzeit beim Verlegen der Leitungen setzt sich aus Hauptzeitanteilen (Verlegen der Leitung zwischen zwei Steckverbindern) und Nebenzeitanteilen (Werkzeugwechsel, unproduktive Verfahrwege) zusammen. Zur Optimierung der Hauptzeit muß ein Industrieroboter mit hoher Verfahrgeschwindigkeit bei linearer Bahnbewegung sowie mit hohen Beschleunigungs- und Verzögerungswerten ausgewählt werden. Bei Beachtung dieser Auswahlkriterien werden ebenso die Nebenzeiten generell reduziert.

Der größte Anteil an der Nebenzeit wird jedoch durch unproduktive Verfahrwege des Industrieroboters verursacht, die immer dann zwangsweise notwendig sind, wenn die Leitung an einem Steckverbinder abgeschnitten werden muß und der Verlegevorgang nur an einem anderen Steckverbinder fortgesetzt werden kann. Da die Programmierung des Bewegungsablaufs des Industrieroboters anhand der Konstruktionszeichnung des Kabelbaumes erfolgen muß, auf der nur die Leitungsverläufe vorgegeben sind, aber nicht die Reihenfolge, in der die Leitungen zu verlegen sind, steht bisher kein geeignetes Hilfsmittel zur Verfügung, das eine Optimierung erlaubt. Eine intuitive "Optimierung" scheidet aufgrund der Vielzahl der Möglichkeiten aus. So ergeben sich bei n Leitungen eines Kabelbaumes n! mögliche Reihenfolgen für den Verlegevorgang.

Die Nebenzeit läßt sich dadurch reduzieren, daß die Reihenfolge beim Verlegen der Leitungen so bestimmt wird, daß möglichst wenige und gleichzeitig kurze unproduktive Verfahrwege anfallen. Dabei wird vorausgesetzt, daß die Verfahrgeschwindigkeit des Industrieroboters konstant ist.

5.1.3.1 Mathematisches Modell

Die Problemstellung läßt sich durch Anwendung einer Operations-Research-Methode /50/, dem sogenannten "Chinese-Postmans-Problem" /51/ lösen.

Gesucht ist ein Rundweg durch einen Kabelbaum, bei dem alle Leitungswege einmal durchfahren und die Länge der zwangsweise notwendigen unproduktiven Wege minimal ist. Ein unproduktiver Weg ist immer dann notwendig, wenn gilt

$$\tfrac{1}{2} \times (n_{Le,St}) \notin N$$

$n_{Le,St}$ = Anzahl der Leitungen eines Steckverbinders (-)

N = Menge der geraden Zahlen

d.h. wenn in einem Steckverbinder eine ungerade Anzahl von Leitungen endet. Wenn alle Steckverbinder eine gerade Anzahl von Leitungen aufweisen, ist für die Ermittlung der zeitoptimalen Verlegereihenfolge nur eine Aneinanderreihung der Leitungswege erforderlich. Somit kann die Optimierung darauf reduziert werden, die Summe der Länge unproduktiver Wege zwischen allen Steckverbindern mit ungeradem Grad zu minimieren.

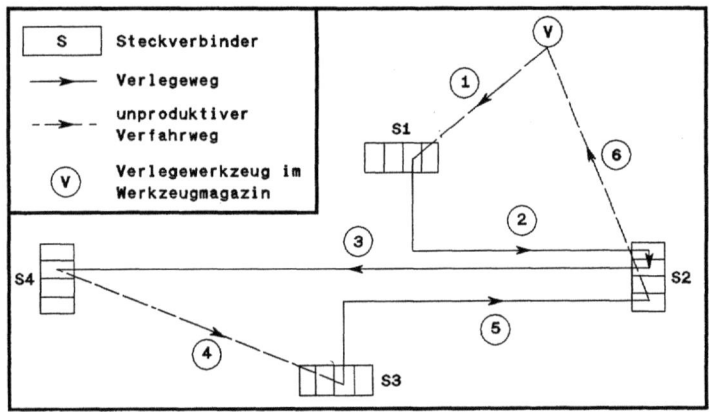

Bild 36: Graph eines Kabelbaums mit unproduktiven Wegen

Bei der Steckverbinderanzahl m mit ungeradem Grad sind

$$n = \frac{(m-1)!}{2^{\left(\frac{m-2}{2}\right)} \times ((m-2)/2)!}$$

Lösungen zur Einführung unproduktiver Wege möglich (z.B. für m = 20 Steckverbinder ergeben sich n = 654.729.075 mögliche Lösungen), von denen diejenige mit der geringsten Gesamtsumme unproduktiver Wege gesucht ist.

Da der Verlegevorgang stets an einem definierten Raumpunkt, dem Magazinplatz des Verlegewerkzeuges (x_{VWZ}, y_{VWZ}), beginnt und endet, kann der optimale Start- (x_{St1}, y_{St1}) und Endpunkt (x_{St2}, y_{St2}) der Verlegereihenfolge bestimmt werden. Demnach müssen der Start- und Endpunkt, beide mit ungeradem Grad, folgender Bedingung genügen:

$$((x_{St1,2} - x_{VWZ})^2 + (y_{St1,2} - y_{VWZ})^2)^{\frac{1}{2}} = \text{Min}$$

Die beiden so ermittelten Steckverbinder besitzen mit der zusätzlichen Verbindung zum Magazin einen geraden Grad und brauchen deshalb im folgenden nicht mehr in die Optimierungsrechnung einbezogen werden.

Zur Berechnung der optimalen Reihenfolge der unproduktiven Wege sind die in Bild 37 gegenübergestellten Methoden geeignet /51,52/. Um für verschiedene Kabelbäume in kurzer Zeit die notwendigen Berechnungen durchführen zu können, wird das Lösungsverfahren auf einem Rechner implementiert.

● hoch ◐ mittel ○ gering Bewertungs- kriterien	Verfahren	Algorithmen		Heuristiken	
		Voll- enumeration	begrenzte Enumeration	Verfahren des besten Nach- folgers	Verfahren der sukzessiven Einbeziehung von Stationen
Rechenzeiten		●	○	○	○
Speicherplatzbedarf		●	◐	○	◐
Programmieraufwand		○	●	○	◐
Mögliche Lösungen m bei n unger. Steckver.		$m_1 = (n-1)!$	$m_2 < m \ll m_1$	$m_2 = \frac{1}{2}(n^2-n)$	$m_2 = \frac{1}{2}(n^2-n)$
Ergebnis		optimal	optimal	gut, aber nicht optimal	gut, aber nicht optimal

<u>Bild 37:</u> Vergleich von algorithmischen und heuristischen Lösungsverfahren

Die Vollenumeration /51/ scheidet aufgrund des hohen Speicherplatzbedarfs und der sehr hohen Anzahl notwendiger Rechenschritte als Lösungsverfahren aus. Deshalb wird als Lösungsmethode eine Kombination aus einem heuristischen Verfahren, dem "Verfahren des besten Nachfolgers" /51,52/ als Eröffnungsverfahren, und der begrenzten Enumeration /51/ verwendet. Mit dem Verfahren des besten Nachfolgers wird eine gute Ausgangslösung bestimmt, die bei der begrenzten Enumeration als oberer Grenzwert für die Berechnung des Optimums eingesetzt wird.

Hierzu werden im ersten Schritt mit dem Verfahren des besten Nachfolgers beginnend von einem Steckverbinder n_1 alle Steckverbinderpaare (n_i, m_i) mit dem jeweils kürzesten Abstand zum Nachfolger m_i ermittelt. Um ein annäherndes Optimum zu erhalten, wird in der Berechnung jeder Steckverbinder einmal als Startstecker n_1 eingesetzt. Damit erhält man die Kombination von Steckverbindern (n_1, m_1),...,(n_i, m_i) mit der geringsten Abstandssumme Σs_i. Dieser Wert wird als oberer Grenzwert s_{grenz} in der begrenzten Enumeration verwendet.

Im anschließenden Verfahren, der begrenzten Enumeration, werden alle möglichen Permutationen der Verfahrreihenfolge nur so weit aufgebaut, bis s_{grenz} überschritten wird. Bei Generierung einer Reihenfolge mit $\Sigma s_i < s_{grenz}$ wird dieser Wert als neues s_{grenz} übernommen. Damit erhält man die optimalen Verbindungen zwischen den ungeraden Steckverbindern, die durch Hinzufügung dieser unproduktiven Verfahrwege gerade werden.

Im nächsten Schritt müssen die produktiven und unproduktiven Verfahrwege in eine geschlossene Eulersche Linie gebracht werden, die alle Verbindungen enthält /51/. Startpunkt ist der Steckverbinder (x_{St1}, y_{St1}), von dem aus ein Rundweg durch die gefundenen Verbindungen bis zum Endpunkt (x_{St2}, y_{St2}) generiert wird. Die Reihenfolge, in der die Steckverbinder angefahren werden, hat keinen Einfluß auf die Taktzeit, da die berechneten Verbindungen taktzeitminimiert sind.

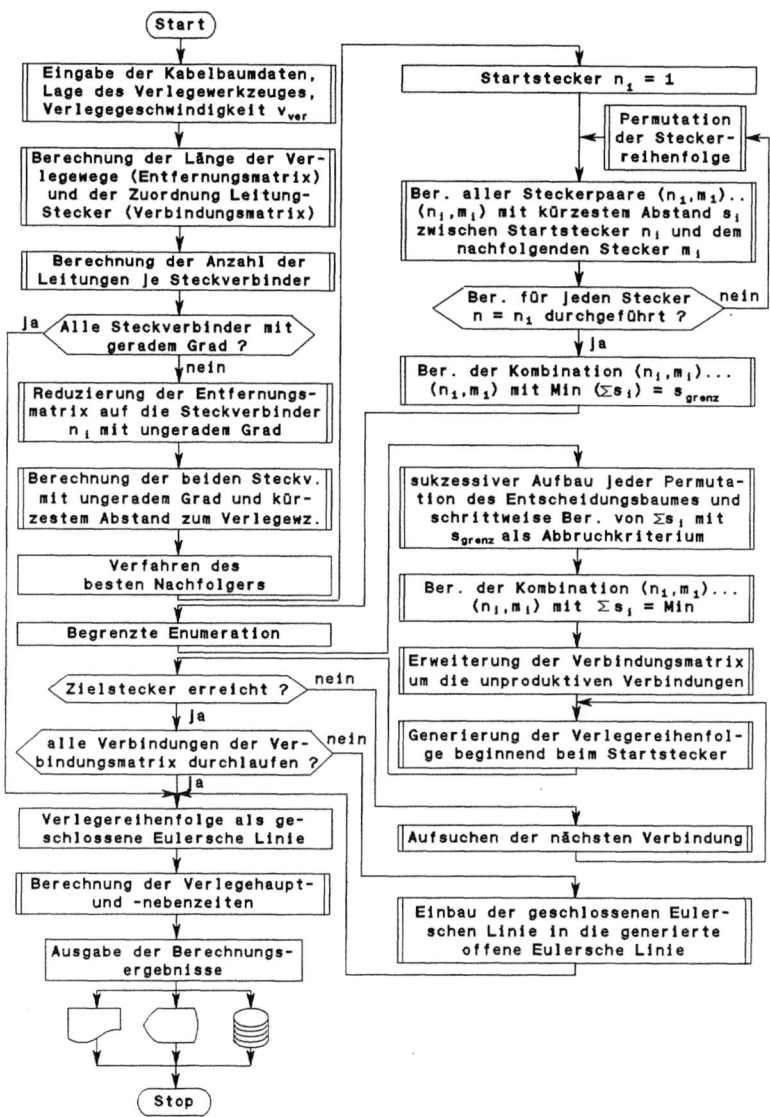

<u>Bild 38:</u> Grobstruktur des Programms zur Berechnung der taktzeitoptimalen Verlegewege

5.1.3.2 Programmtechnische Realisierung

Der beschriebene Algorithmus wurde in ein Programm umgesetzt, das in der Programmiersprache "FORTRAN" erstellt und gemäß der in Bild 38 dargestellten Grobstruktur aufgebaut wurde.

Die Dateneingabe erfolgt interaktiv in vorgegebene Menüs. Als Ergebnis erhält der Benutzer die Reihenfolge der nacheinander zu verlegenden Leitungen sowie die rechnerisch ermittelten Verlegehaupt- und -nebenzeiten.

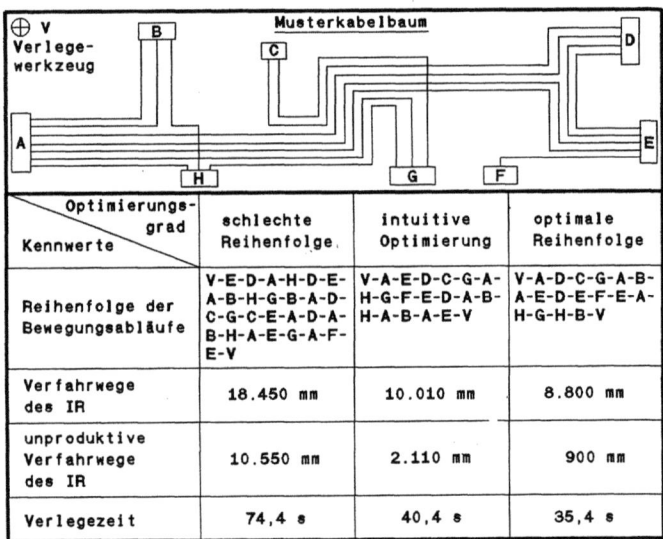

Bild 39: Resultierende Taktzeiten bei verschiedenen Optimierungsgraden des Verlegeweges

Die Berechnungsergebnisse sind Grundlage für die Teach-in-Programmierung der Verlegewege. Bei der Realisierung eines Off-line-Programmiersystems können die Konstruktionsdaten eines Kabelbaumes direkt als Eingangsdaten für das Optimierungsprogramm verwendet werden. Die Ergebnisse der Berechnungen können anschließend wiederum als ein Bestandteil der Generierung des Ablaufprogramms für den Industrieroboter weiterverarbeitet werden.

In Bild 39 sind für einen beispielhaften Kabelbaum mit 8 Steckverbindern und insgesamt 14 Leitungen die aus den Möglichkeiten zur Vorgabe der Verlegewege resultierenden Taktzeiten beim Verlegen vergleichend gegenübergestellt.

Durch die Anwendung des entwickelten Algorithmus kann schon in diesem einfachen Beispiel die Taktzeit für das Verlegen um 52 % gegenüber einer nicht optimierten Verlegereihenfolge mit maximalen Nebenwegen verbessert werden.

5.2 Werkzeuge zum Anschlagen von Leitungen

Beim Anschlagen müssen die zuvor verlegten Leitungen eines Kabelbaumes exakt auf Länge abgeschnitten und in die Steckverbinder mit definierter Einpreßtiefe eingepreßt werden.

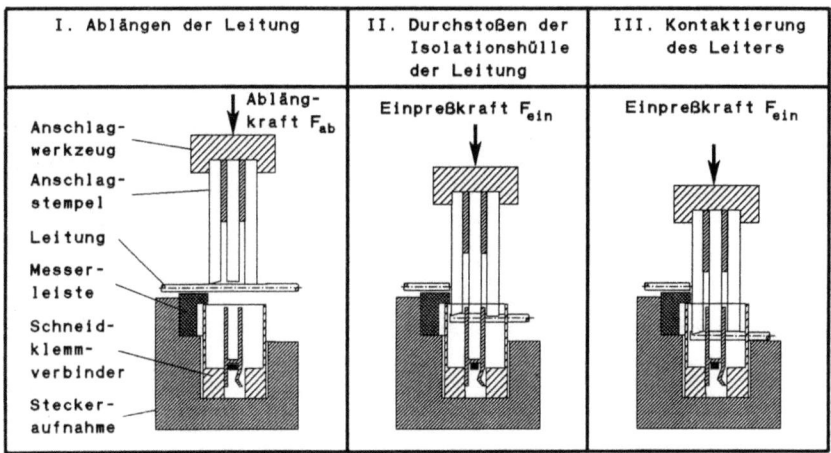

Bild 40: Funktionsablauf beim Anschlagvorgang

Zum taktzeitoptimierten Anschlagen müssen alle Leitungen eines Steckverbinders mit einer Hubbewegung abgeschnitten und eingepreßt werden (siehe Bild 20). Die Einzelschritte beim Anschlagen einer Leitung zeigt Bild 40.

Die Stempel zum Ablängen und Einpressen der Leitungen werden in marktgängigen, stationären Anschlagmaschinen verwendet. Derartige Pressen können aufgrund ihres hohen Eigengewichts aber nicht von einem Industrieroboter gehandhabt werden. Bei der Entwicklung eines robotergerechten Anschlagwerkzeuges, bei dem von einer konventionellen Anschlagmaschine die Stempel übernommen werden können, ergeben sich folgende Problempunkte:

- Aufbringung der erforderlichen Einpreßkraft beim Anschlagen ohne Rückwirkung auf den IR,
- Sicherung der Relativlage zwischen dem frei handhabbaren Anschlagwerkzeug und dem Steckverbinder,
- Sicherstellung der Einpreßtiefe der Leitungen in die Kontaktreihen des Steckverbinders.

Diese Probleme werden im folgenden näher untersucht.

5.2.1 Kraft-Zeit-Verhalten beim Anschlagen

Die Einpreßkraft beim Anschlagen ist abhängig vom verwendeten Leitungsquerschnitt und der Anzahl der Leitungen. Zur genauen Ermittlung der Zusammenhänge wurde, wie in Bild 41 dargestellt, ein Funktionsträger entwickelt, mit dem über Dehnmeßstreifen die Kräfte beim Einpressen der Leitungen ermittelt werden können. Die Versuchsergebnisse sind in Bild 42 zusammengefaßt. Um bei den Versuchen Meßfehler durch toleranzbehaftete Positionierung zwischen Anschlagwerkzeug und Steckeraufnahme auszuschließen, sind diese formschlüssig über bewegliche Bolzen miteinander verbunden.

Für die Versuche wurden handelsübliche Schneidklemmverbinder verwendet, an die Leitungen mit Querschnitten zwischen AWG 18 und AWG 26 angeschlagen wurden.

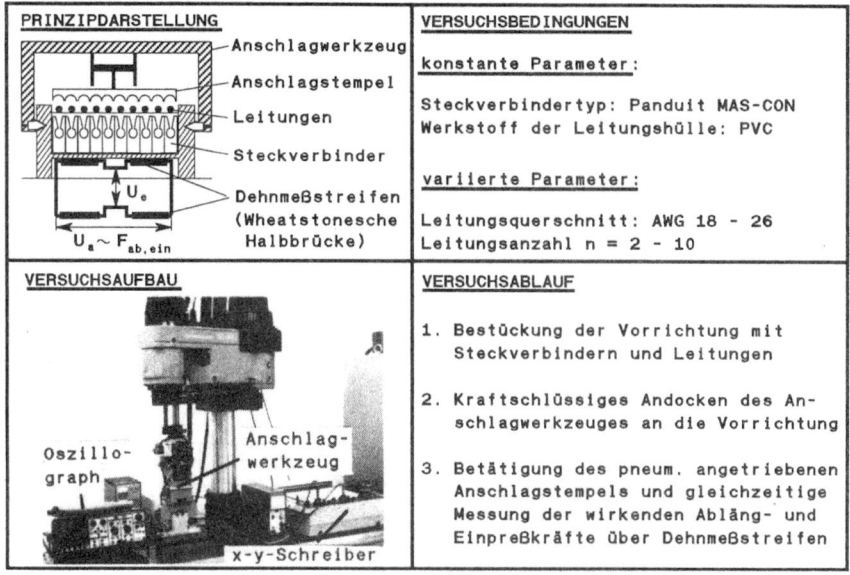

Bild 41: Versuch zur Ermittlung der Einpreßkräfte beim Anschlagen von Leitungen

Aus den Versuchen lassen sich folgende Erkenntnisse ableiten:

- Im Kraft-Zeit-Diagramm läßt sich der Ablängvorgang eindeutig vom Einpreßvorgang unterscheiden. Der Ablängen findet zwischen 22 ms und 74 ms nach Beginn des Anschlagvorgangs statt. Die Zeit für einen Anschlagvorgang nimmt mit steigendem Leitungsquerschnitt und Anzahl der Leitungen zu und dauert insgesamt zwischen 52 ms und 188 ms.
- Die Ablängkraft F_{ab} beträgt ca. 50 N pro Leitung. In Abhängigkeit vom Leitungsquerschnitt nimmt die Ablängkraft F_{ab} proportional zur Anzahl n der Leitungen zu.

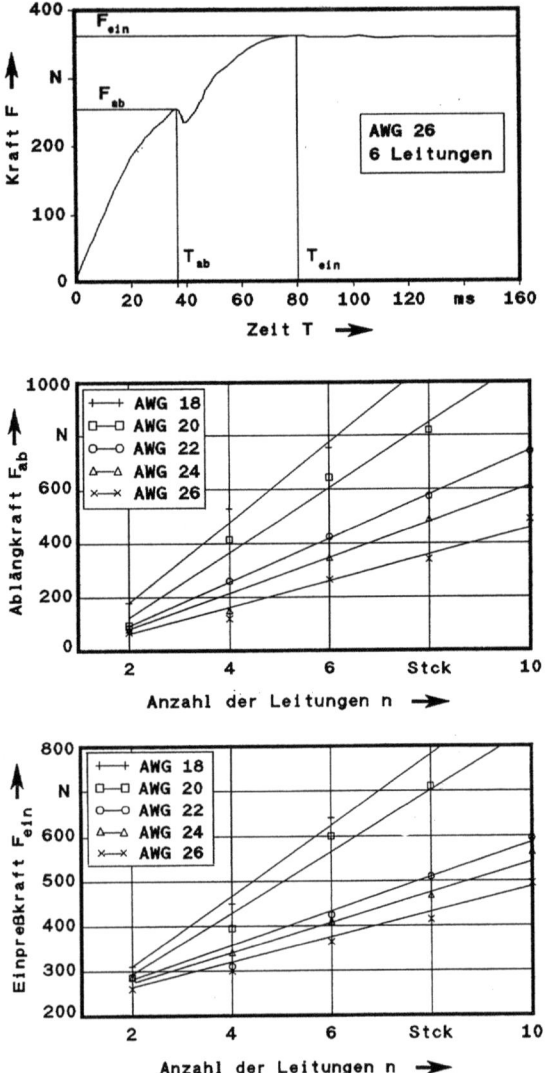

Bild 42: Zusammenhang zwischen Einpreßkraft, Leitungsquerschnitt, Stempelweg und Anzahl der Leitungen

- Die Einpreßkraft F_{ein} für eine Leitung beträgt ca. 150 N. Mit zunehmendem Leitungsquerschnitt nimmt die Einpreßkraft F_{ein} proportional zur Anzahl n der angeschlagenen Leitungen zu.
- Die Einpreßtiefe beträgt üblicherweise 6,5 mm bei allen Leitungsquerschnitten, so daß dieses Qualitätsmerkmal durch Einbau eines Endschalters in das Anschlagwerkzeug einfach überwacht werden kann.
- Die für einen Anschlagvorgang notwendige Kraft läßt sich durch einen handelsüblichen Pneumatikzylinder aufbringen, der in ein vom IR handhabbares Werkzeug leicht integriert werden kann.

5.2.2 Auslegung eines robotergerechten Anschlagwerkzeugs

Bedingt durch den Produktaufbau der Steckverbinder muß beim Anschlagvorgang die Lage des Einpreßstempels relativ zu den verlegten Leitungen und den Steckverbindern im Bereich von ± 0,1 mm sichergestellt werden. Hierzu müssen die beim Anschlagen auftretenden Toleranzen kompensiert werden, die bis zu 0,79 mm betragen können (Bild 43).

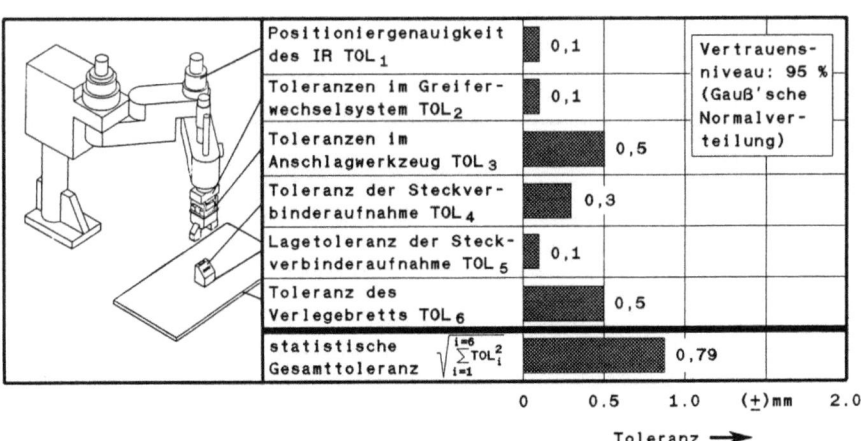

Bild 43: Toleranzkette beim Anschlagen mit IR

Die Möglichkeiten zur konstruktiven Gestaltung eines Anschlagwerkzeuges mit integriertem Toleranzausgleich werden in Bild 44 untersucht.

Die Lösungsmethode, bei der die Toleranzen über eine dreidimensionale Nachgiebigkeit ausgeglichen werden, indem das Anschlagwerkzeug über Bolzen formschlüssig an die Steckverbinderaufnahme angedockt wird, erfüllt alle Auswahlkriterien am besten.

LÖSUNGS-PRINZIPIEN BEWERTUNGS-KRITERIEN	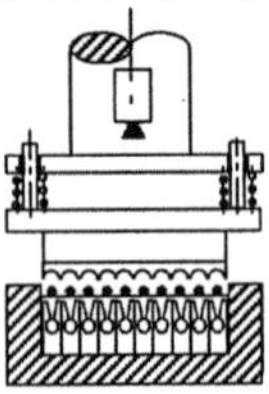 Bildverarbeitungssystem mit 1D-Nachgiebigkeit	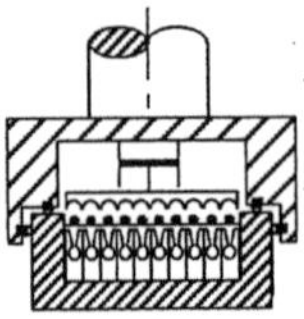 Taktile Sensoren in 3D	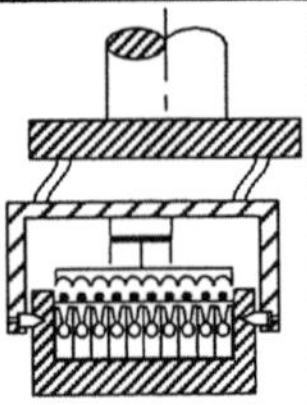 Formschluß mit 3D-Nachgiebigkeit	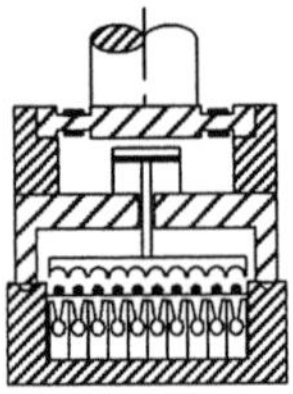 Kraft-Momenten-Sensor
Toleranzausgleichsmethode	aktiv	aktiv	passiv	aktiv
Zeit für Toleranzausgleich	8 - 10 s	8 - 12 s	< 1 s	6 - 8 s
max. ausgleichbare statist. Gesamttoleranz	0,60 mm	0,79 mm	0,79 mm	0,79 mm
zusätzl. Belastung des IR	Anschlagkraft F_{An}	Anschlagkraft F_{An}	keine	Anschlagkraft F_{An}
Kosten für Toleranzausgleich	50 - 60 TDM	10 - 15 TDM	2 - 3 TDM	25 - 30 TDM

<u>Bild 44:</u> Lösungsprinzipien und Eigenschaften von automatisch handhabbaren Anschlagwerkzeugen mit integriertem Toleranzausgleich

Der Formschluß zwischen Anschlagwerkzeug und Steckverbinderaufnahme bewirkt in Zusammenhang mit dem im Anschlagwerkzeug integrierten Pneumatikzylinder, daß der Kraftfluß beim Anschlagen im Werkzeug geschlossen wird und so auch keine zusätzlichen Belastungen auf den Industrieroboter wirken.

6 Versuchsaufbau zur flexibel automatisierten Montage von Kabelbäumen

6.1 Gesamtaufbau

Zur Erprobung der entwickelten Verfahren und Werkzeuge zur automatischen Montage von Kabelbäumen wurde eine Pilotanlage aufgebaut. Die Pilotanlage ist als Einplatzsystem auf die Montage von Kabelbäumen in kleinen Losgrößen ausgelegt. Neben den neu entwickelten Teilsystemen wurden folgende marktgängige Komponenten verwendet:

- Montageroboter SR 800 mit Steuerung Rho 2 (Fa. Bosch),
- elektromagnetische Spannplatte 115-50/120 (Fa. Wagner),
- Werkzeugwechselsystem Größe 1 (Fa. Fein),
- Abbindepistole PAT 1M2 mit Steuergerät PED 220 (Fa. Panduit)
- 2-Finger-Parallelgreifer PPG 65 und PPG 50 (Fa. Schunk),
- sensorgestützter Vibrationswendelförderer Robo-Pot LN1 (Fa. MRW Digit).

Das entwickelte Konzept erlaubt es, daß sich der Industrieroboter die kabelbaumspezifischen Peripheriekomponenten (Steckeraufnahmen und Verlegehilfen) im Arbeitsraum selbst konfiguriert. Damit können mit der Pilotanlage unter Verwendung derselben Teilsysteme vollautomatisch Kabelbäume verschiedener Geometriekonfiguration ohne manuelles Umrüsten hergestellt werden. Außerdem eröffnet die Selbstkonfigurierung des Arbeitsraumes durch den Industrieroboter die Möglichkeit zur Off-line-Programmierung der Montagezelle, da bei diesem Verfahren die Positionierfehler des IR automatisch kompensiert werden.

Mit Hilfe eines Verlegewerkzeuges, eines Abbinde- und eines Anschlagwerkzeuges sowie von drei Parallelbackengreifern, die nacheinander über eine Wechselvorrichtung aufgenommen werden können, ist der Industrieroboter in der Lage, alle erforderlichen Arbeitsschritte zur Komplettmontage eines Kabelbaumes vollautomatisch auszuführen.

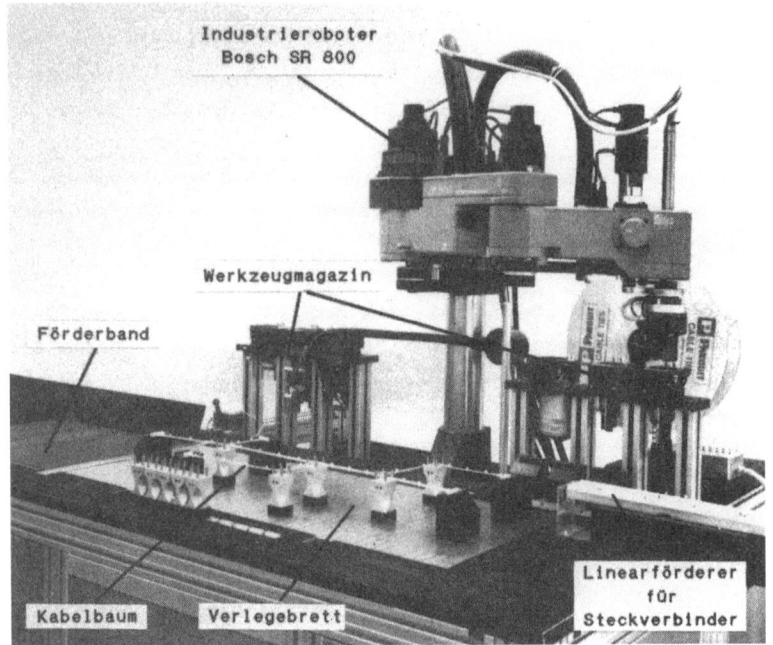

Bild 45: Gesamtaufbau der Pilotanlage

6.2 Mechanischer Aufbau

6.2.1 Handhabungssystem

Als frei programmierbares Handhabungsgerät wird ein vierachsiger Horizontalschwenkarmroboter Bosch SR 800 eingesetzt. Dieses Gerät erfüllt mit einer Wiederholgenauigkeit von ± 0,05 mm, einer Traglast von 50 N und einer Bahngeschwindigkeit von 2000 mm/s die wichtigsten Voraussetzungen für die automatische Kabelbaummontage. Die Arbeitsraumfläche von 1,2 m^2 eignet sich für die Montage von Kabelbäumen bis zu einer Größe von 1200 x 500 mm². An den Montageroboter ist ein Werkzeugwechselsystem mit 4 Druckluft- und 20 elektrischen Signalschnittstellen angeflanscht, so daß alle erforderlichen Greifer und Werkzeuge gehandhabt und angesteuert werden können.

6.2.2 Verlegewerkzeug

Mit dem Verlegewerkzeug können Leitungen bis zu einem Durchmesser von 3 mm verlegt werden. Die Leitung wird aus einem Faß gezogen, das sich unter dem IR-Tisch befindet. Damit sich die Leitung während des Verlegevorgangs nicht auf dem Verlegebrett verhaken kann, wird sie in einem Zwischenpuffer, der zwischen Faß und Verlegewerkzeug angebracht ist, über ein Ausgleichsgewicht leicht vorgespannt.

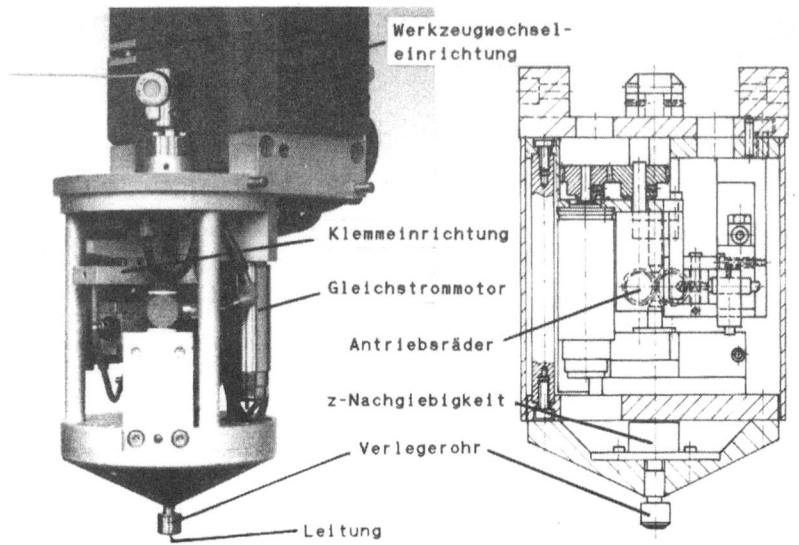

Bild 46: Aufbau des Verlegewerkzeugs

Damit die Leitung nicht von dem Ausgleichsgewicht aus dem Verlegewerkzeug gezogen werden kann, wird sie im Verlegewerkzeug im Ruhezustand über einen Pneumatikzylinder festgeklemmt.

Zum Ablängen der Leitung wird eine Schneide mit einem Pneumatikzylinder senkrecht zur Leitungslängsrichtung bewegt. Die Leitung kann anschließend über ein elektromotorisch angetriebenes, schwenkbares Reibrad wieder ins Verlegerohr gefördert werden. Das Verlegerohr ist zum Ausgleich von Höhentoleranzen über eine Feder nachgiebig gelagert. Das Verlegerohr ist aus dem Gleitwerkstoff UHMW-PE gefertigt und besitzt an der Austrittsöffnung einen Radius von 3 mm.

Die Anwesenheitskontrolle der Leitung erfolgt über eine Reflexlichtschranke, die zwischen Verlegerohr und Ablängeinrichtung angebracht ist. Alle bewegten Funktionsträger des Verlegewerkzeugs werden in ihren beiden Endstellungen über Näherungsschalter überwacht.

6.2.3 Abbindewerkzeug

Das Abbinden erfolgt mit einer handelsüblichen Abbindepistole /23/, die so modifiziert ist, daß sie vom IR vollautomatisch handhabbar und ansteuerbar ist. Dabei wird der Kabelstrang von einer Klaue umschlossen, in die mit Druckluft ein Nylonkabelbinder geschossen wird. Der Kabelbinder wird bis auf eine einstellbare Kraft zusammengezogen, das überstehende Ende abgeschnitten und in einem Behälter aufgefangen.

Die Kabelbinder sind auf einer Rolle gegurtet bereitgestellt und werden in einem Steuergerät vereinzelt, bevor sie über einen Schlauch mit Druckluft zur Abbindepistole geschossen werden.

6.2.4 Anschlagwerkzeug

Mit dem Anschlagwerkzeug werden alle Leitungen eines Steckverbinders exakt auf Länge geschnitten und in den Steckverbinder eingepreßt. Der Anschlagstempel wird mit einem Pneumatikzylinder betätigt und ist für die Verarbeitung von maximal zehn Leitungen ausgelegt.

Um die Höhentoleranzen zwischen der Steckeraufnahme und dem IR auszugleichen, ist zwischen dem Anschlagwerkzeug und der Flanschplatte der Werkzeugwechselvorrichtung eine federbelastete Nachgiebigkeit eingebaut. Damit wird auch verhindert, daß die beim Anschlagen auftretenden Kräfte auf den IR übertragen werden. Der Kraftfluß beim Anschlagvorgang wird geschlossen, indem das Anschlagwerkzeug seitlich über bewegliche Bolzen an der Steckeraufnahme formschlüssig andockt. Die Einpreßtiefe, die Einfederung der Nachgiebigkeit und die Stellung der Andockbolzen werden durch induktive Näherungsschalter überwacht.

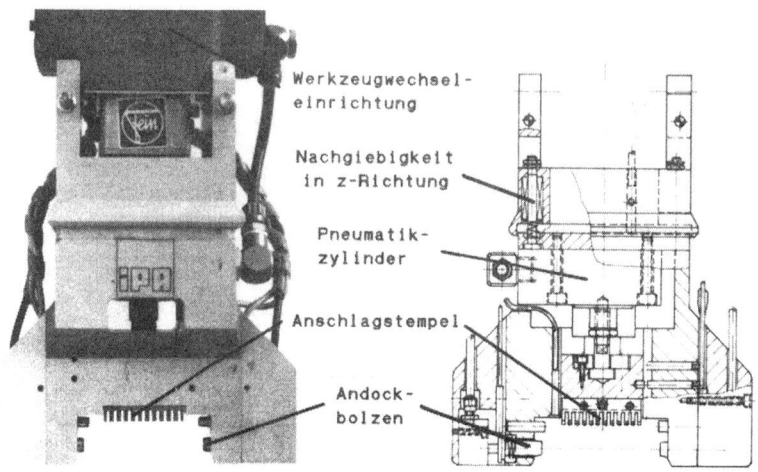

Bild 47: Aufbau des Anschlagwerkzeugs

6.2.5 Peripheriekomponenten

Das Verlegebrett hat die Abmessungen 1200 x 500 mm^2 und ist als Magnetspannplatte ausgeführt. Auf dem Verlegebrett können insgesamt acht Steckeraufnahmen und zehn Verlegehilfen durch einen Parallelbackengreifer wahlfrei positioniert werden. Durch Aktivierung des Magnetfeldes werden diese bei den folgenden Arbeitsgängen sicher in Position gehalten.

Zur Bereitstellung der Steckverbinder wird ein sensorunterstützter Vibrationswendelförderer verwendet. Damit können insgesamt vier Varianten eines Steckverbinders (4-, 6-, 8-, und 10-polig) in einem Linearförderer mit vier Austragsschienen bereitgestellt werden. Die Steckverbinder werden mit einem Parallelbackengreifer gehandhabt und in die Steckeraufnahmen bestückt.

Alle erforderlichen Greifer und Werkzeuge sind in zwei Werkzeugmagazinen, die beidseitig vom IR installiert sind, in der Reihenfolge bereitgestellt, in der sie bei der Montage eines Kabelbaumes benötigt werden.

6.3 Steuerung

Die Steuerung des Gesamtsystems übernimmt die Industrierobotersteuerung Bosch Rho 2. Mit einer Kapazität des Anwenderspeichers von 144 kbyte, sowie mit 10 Ausgängen und 30 Eingängen ist die Steuerung für die Montageaufgabe ausreichend dimensioniert. Bild 48 zeigt den Signalflußplan der Pilotanlage.

Die Programmiersprache BAPS /54, 55/ erlaubt die Realisierung aller notwendigen programmtechnischen Anforderungen für die Kabelbaummontage. Insbesondere können wahlfrei definierbare Parameter innerhalb eines Ablaufprogramms in beliebige Unterprogramme übergeben werden. Weiterhin ist es möglich, über eine V24-Schnittstelle durch die Übergabe eines Datensatzes mit produktspezifischen Parameteranweisungen, die in ein produktneutrales Ablaufprogramm eingelesen werden, den IR off-line zu programmieren.

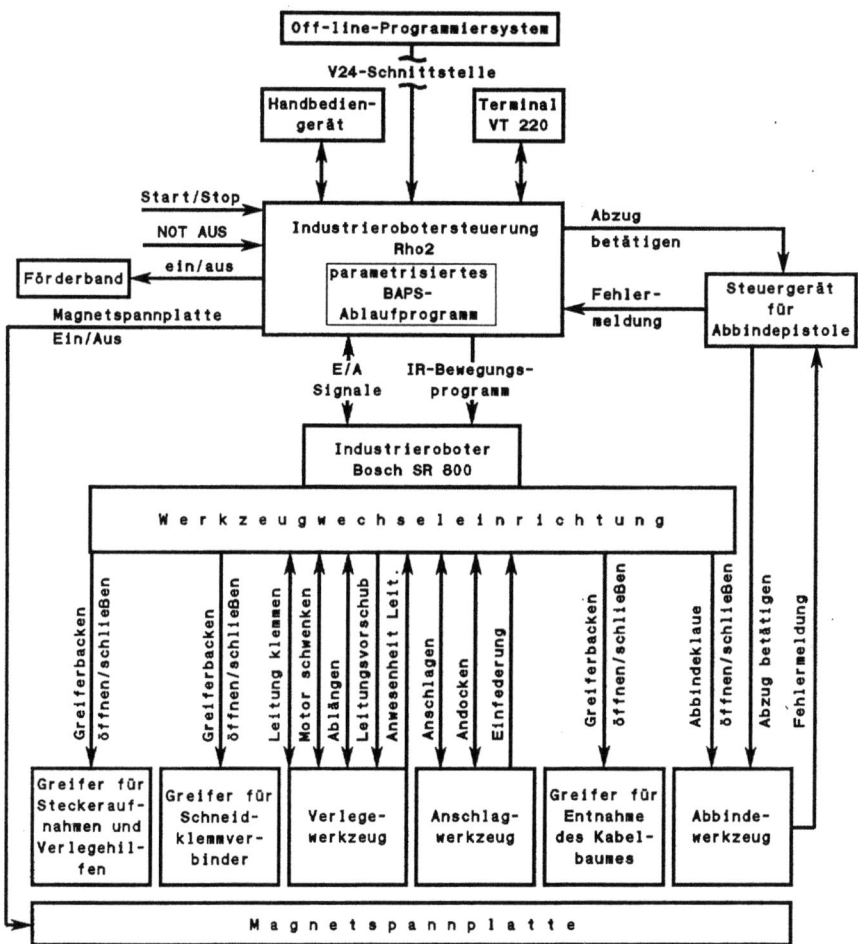

Bild 48: Signalflußplan der Pilotanlage

6.4 Arbeitsablauf

6.4.1 Montage eines Kabelbaumes

Der Ablauf bei der Montage eines Kabelbaumes erfolgt in folgenden Schritten (Bild 49):

- Konfigurierung des Verlegebretts durch Positionierung der Steckeraufnahmen und Verlegehilfen mit einem Parallelbackengreifer auf der Magnetspannplatte,

- Bestücken der Steckeraufnahmen mit Schneidklemmverbindern durch einen Parallelbackengreifer,

- Verlegen aller Leitungen gemäß der in Kapitel 5.1.3 erarbeiteten Verlegestrategie,

- Bündeln aller Kabelstränge in gleichmäßigen Abständen mit Nylonkabelbindern,

- Anschlagen aller Steckverbinder mit anschließendem Auswerfen aus den Steckeraufnahmen mit Hilfe des Anschlagwerkzeuges,

- Entnahme des Kabelbaumes mit einem Parallelbackengreifer und anschließendem Ablegen auf einem Förderband, das den Kabelbaum in einen Teilebehälter transportiert.

Die Konfigurierung des Verlegebretts muß nur vor der Montage des ersten Kabelbaumes eines Loses durchgeführt werden. Nach der Entnahme dieses Kabelbaumes bleiben die Steckeraufnahmen und Verlegehilfen auf ihren Positionen stehen, der Industrieroboter führt bei allen folgenden Kabelbäumen des Loses nur noch die eigentlichen Montageaufgaben aus.

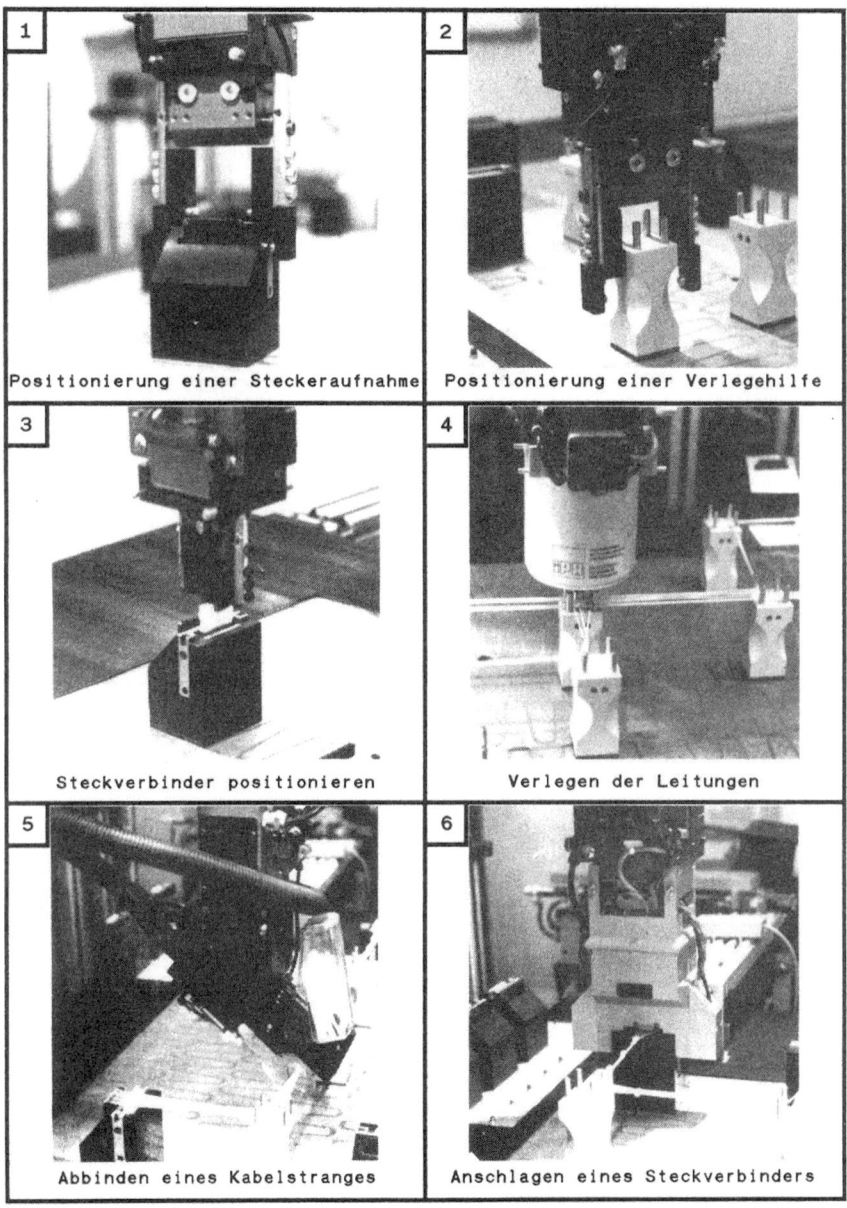

Bild 49: Arbeitsschritte bei der Kabelbaummontage auf der Pilotanlage

Die einzelnen Vorgänge laufen in einer zeitlich festen Reihenfolge ab. Die Dauer eines Arbeitsablaufs hängt von der Komplexität und der geometrischen Gestaltung des jeweiligen Kabelbaumes ab. Bild 50 zeigt beispielhaft den Arbeitsablauf bei der Montage eines Kabelbaumes mit 5 Steckverbindern, 25 Kabelbindern und einer Gesamtleitungslänge von 15.600 mm.

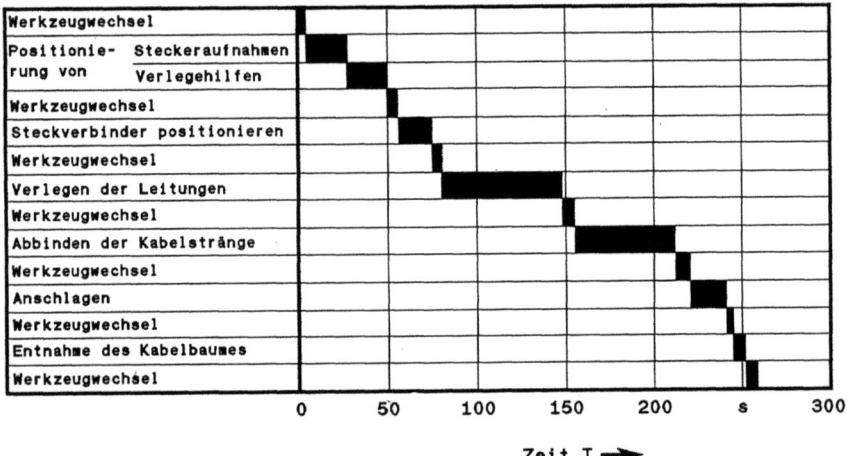

Bild 50: Ablaufdiagramm bei der Montage eines Kabelbaumes

6.4.2 Off-line-Programmierung

Das Bewegungsprogramm ist analog zu dem im Kapitel 4.2 erarbeiteten Ablaufkonzept aufgebaut. Dabei sind sämtliche variantenspezifischen Daten des Kabelbaumes wie z.B. die Anzahl, Art und Lage der Steckverbinder, die Anzahl und der Verlauf der Leitungen und die Anzahl und Lage der Kabelbinder als Parameter definiert. Diese Parametrisierung der Geometriedaten eröffnet die Möglichkeit, die Steckeraufnahmen und die Verlegehilfen wahlfrei auf dem Verlegebrett zu positionieren. Die Lage der Magazine für die Steckverbinder, die Steckeraufnahmen, die Verlegehilfen, die Greifer und Werkzeuge sind dagegen fest im Ablaufprogramm vorgegeben.

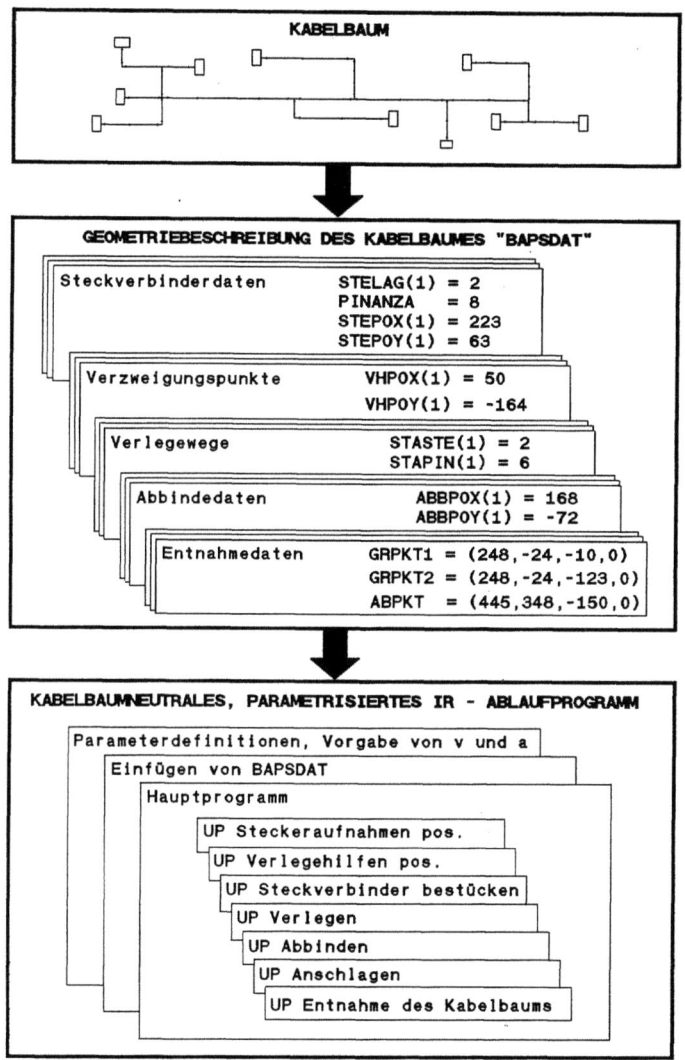

Bild 51: Vorgehensweise bei der Off-line-Programmerstellung

Durch Vorgabe eines Datensatzes für einen bestimmten Kabelbaum am Programmanfang des variantenneutralen, parametrisierten Ablaufprogramms erhält man damit ein kabelbaumspezifisches Ablaufprogramm. Da sich die Programmierung der Montagezelle somit auf die Eingabe dieses Datensatzes beschränkt, kann das Ablaufprogramm für einen neuen Kabelbaum in kurzer Zeit erstellt werden (Bild 51).

Neben der manuellen Eingabe kann dieser Datensatz auch rechnergestützt aus den Konstruktionsdaten eines Kabelbaumes generiert werden. Da das off-line erstellte Ablaufprogramm direkt in die Steuerung des IR über eine V24-Schnittstelle überspielt werden kann, beschränkt sich der Umrüstvorgang bei Variantenwechsel auf den Wechsel des Ablaufprogramms, der nur ca. 5 min in Anspruch nimmt.

7 Versuchsergebnisse

Die Inbetriebnahme der Pilotanlage umfaßte auch eine Optimierung des Ablaufprogramms im Hinblick auf Reduzierung der Verfahrwege und Steigerung der Verfahrgeschwindigkeiten des Industrieroboters. Damit konnte eine Verbesserung der Taktzeit um fast 30 % gegenüber dem Ausgangszustand erreicht werden. Mit diesem optimierten Ablaufprogramm wurden während einer Betriebsdauer von 80 Stunden Versuche zur Ermittlung von Montage-, Programmier- und Umrüstzeiten durchgeführt. Es wurden insgesamt sechs verschiedene Kabelbäume programmiert und auf der Pilotanlage hergestellt. Für die Darstellung der Versuchsergebnisse in Kap. 7 und Kap 8 wurden die in Bild 52 spezifizierten Musterkabelbäume verwendet.

Kabelbaumtyp Merkmale	I	II	III	IV	V
Außenabmessungen in [mm x mm]	850 x 350	1060 x 365	1100 x 410	2300 x 590	4800 x 1200
Leitungslänge in [mm]	15.600	26.340	33.930	62.270	98.040
Anzahl der Steckverbinder	5	7	8	22	41
Anzahl der Kabelbinder	25	33	39	54	68

Bild 52: Untersuchte Kabelbaumvarianten

7.1 Programmierzeiten

Es wurden drei verschiedene Methoden zur Programmierung /53/ der Pilotanlage erprobt und vergleichend gegenübergestellt:

- Konventionelle Teach-in-Programmierung, bei der alle Raumpunkte des Ablaufprogramms der Reihe nach im Einrichtbetrieb angefahren und mit einem Handbediengerät ("Teach-in-Gerät") in der Steuerung abgespeichert werden. Der

Programmablauf mit den notwendigen Verknüpfungsoperationen wird bei dieser Programmiermethode üblicherweise über ein Eingabeterminal eingegeben.

- Verwendung eines aufgabenorientierten Ablaufprogramms, in dem nur die peripheriespezifischen Programmteile manuell über das Handbediengerät eingegeben ("geteacht") werden und in das alle kabelbaumspezifischen Daten in Form von Parameteranweisungen eingelesen werden können. Die parametrisierten (Geometrie-) Daten des Kabelbaumes werden dabei manuell als Datensatz erstellt ("manuelle Off-line-Programmierung").

- Verwendung desselben kabelbaumneutralen Ablaufprogramms mit rechnerunterstützter Generierung der Geometriedaten über ein externes Programmiersystem ("rechnergestützte Off-line-Programmierung").

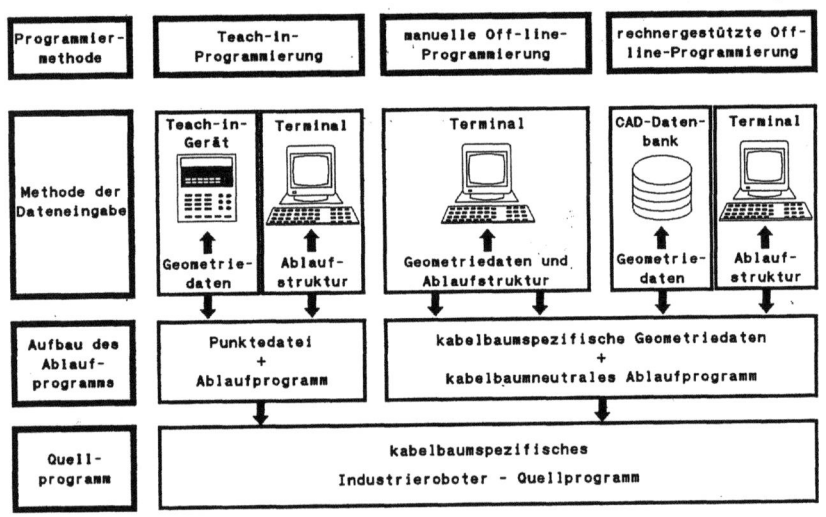

Bild 53: Möglichkeiten zur Programmerstellung für die Montagezelle

Die vollständige Off-line-Programmierung aller Programmteile ist beim gewählten Einsatzbereich der Montagezelle nicht sinnvoll anwendbar, da die Positionsdaten für die Peripheriekomponenten nur einmal bei der Inbetriebnahme der Montagezelle eingegeben werden müssen. Die Programmierung dieser zellenspezifischen Programmteile ist mit der Teach-in-Programmierung wesentlich schneller durchführbar.

Programmteile, die bei mehreren Programmierverfahren verwendet werden konnten, wurden jeweils übernommen und bei der Ermittlung der Programmierzeiten in Bild 54 entsprechend berücksichtigt. Die Programmierzeiten wurden an den Kabelbaumtypen I bis III ermittelt (vgl. Bild 52).

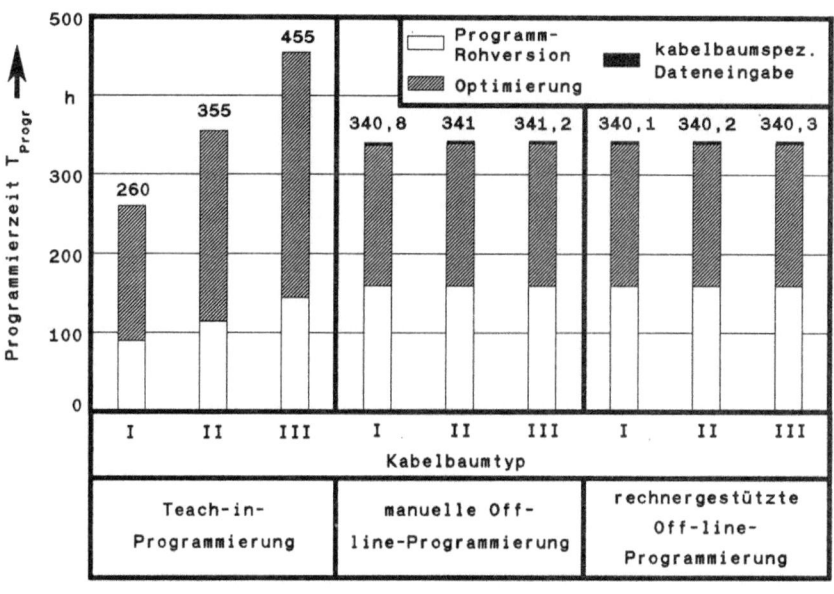

Bild 54: Erforderliche Programmierzeiten in Abhängigkeit vom Programmierverfahren

Die Untersuchung der erforderlichen Programmierzeiten bei den genannten Programmierverfahren zeigt, daß

- die Teach-in-Programmierung nur bei sehr einfachen Kabelbäumen weniger Zeit in Anspruch nimmt als die Erstellung eines problemangepaßten Off-line-Programmiersystems.

- für die Optimierung der Rohversion eines Ablaufprogramms die 1,3- bis 2,5-fache Zeit benötigt wird als für die Erstellung der Rohversion selbst. Im Rahmen dieser Optimierung werden die Abläufe in bezug auf Verfahrwege und Verfahrgeschwindigkeiten verbessert.

- die rechnerunterstützte Generierung der Geometriedaten eines Kabelbaumes nur ca. 10 % der Zeit beansprucht, wie die manuelle Eingabe des Datensatzes in das Ablaufprogramm.

- bei der Teach-in-Programmierung als Richtwert für 1 s Taktzeit der Automatikstation 1 h Programmierzeit inklusiv Optimierung der Bewegungsvorgänge erforderlich sind. Dies entspricht einer Programmierzeit von durchschnittlich 9 min/Raumpunkt.

- für die erstmalige Erstellung eines Off-line-Programmiersystems zwischen 0,7 h und 1,3 h Programmierzeit je Sekunde Taktzeit erforderlich sind.

- die manuelle Dateneingabe bei der Off-line-Programmierung für einen neuen Kabelbaum ca. 1 h, die rechnergestützte Dateneingabe ca. 10 min beansprucht.

Die Erstellung eines Teach-in-Programms ist nur dann von Vorteil, wenn über lange Zeit ein Kabelbaum ohne Varianten montiert werden soll. Sobald ein Kabelbaum in nur zwei Varianten hergestellt wird, ist die Erstellung eines parametrisierten Ablaufprogramms mit weniger Zeitaufwand verbunden. Eine zusätzliche Kopplung zwischen rechnergestützter Kabelbaumkonstruktion und automatischer Generierung des Ablaufprogramms der Automatikstation reduziert die Rüstzeit der Montagezelle um 600 %.

7.2 Einfluß des Geschwindigkeits- und Beschleunigungsverhaltens des Industrieroboters auf die Taktzeit

Ein entscheidendes Kriterium bei der Automatisierung der Kabelbaummontage ist die erreichbare Taktzeit für einen Kabelbaum. Wenn das Ablaufprogramm des Industrieroboters in bezug auf Verfahrwege und Nebenzeiten optimiert ist, kann die Taktzeit nur noch durch Erhöhung der Bahngeschwindigkeit und Verbesserung des Beschleunigungsverhaltens des Industrieroboters reduziert werden. Um den Einfluß dieser Parameter auf die Taktzeit zu untersuchen, wurde eine Versuchsreihe mit der Pilotanlage durchgeführt. Als Fazit der Untersuchungen läßt sich festhalten (Bild 55):

- Die Erhöhung der im Ablaufprogramm vorgegebenen Bahngeschwindigkeit hat ab einem Wert von 300 mm/s keine Reduzierung der Taktzeit mehr zur Folge. Dies liegt darin begründet, daß der IR ca. 80 % der Vorgabezeit mit PTP-Bewegungen und nur ca. 20 % mit Linearinterpolation verfährt. Die linearen Bahnstücke sind weniger als 300 mm lang, so daß die maximale Beschleunigung von 3500 mm/s^2 höhere Bahngeschwindigkeiten nicht zuläßt.

- Durch eine Verdopplung der PTP-Geschwindigkeit läßt sich die Taktzeit bei den gegebenen Randbedingungen um ungefähr 20 % verringern, eine Verdopplung der Bahnbeschleunigung reduziert die Taktzeit um ca. 8 %. Für die Minimierung der Taktzeit ist demnach nicht die erreichbare Bahngeschwindigkeit sondern die PTP-Geschwindigkeit (Punktsteuerung) und die Bahnbeschleunigung des IR maßgebend.

- Die technische Grenze bei der Optimierung der Bahnparameter ist durch a_{max} = 3500 mm/s^2 und v_{PTPmax} = 850 mm/s gegeben. Bei höheren Werten entstehen zwischen den von der IR-Steuerung vorgegebenen Positionssollwerten und den aktuellen Lage-Istwerten Schleppfehler, die den vorgegebenen Grenzwert überschreiten.

- Ab einer PTP-Geschwindigkeit von 800 mm/s und einer Beschleunigung von 3000 mm/s^2 strebt die erreichbare Taktzeit gegen einen asymptotischen Wert, da andere Einflußfaktoren wie Wartezeiten und prozeßbedingt notwendige Maximalwerte für Geschwindigkeit und Beschleunigung keine weitere Taktzeitminimierung zulassen.

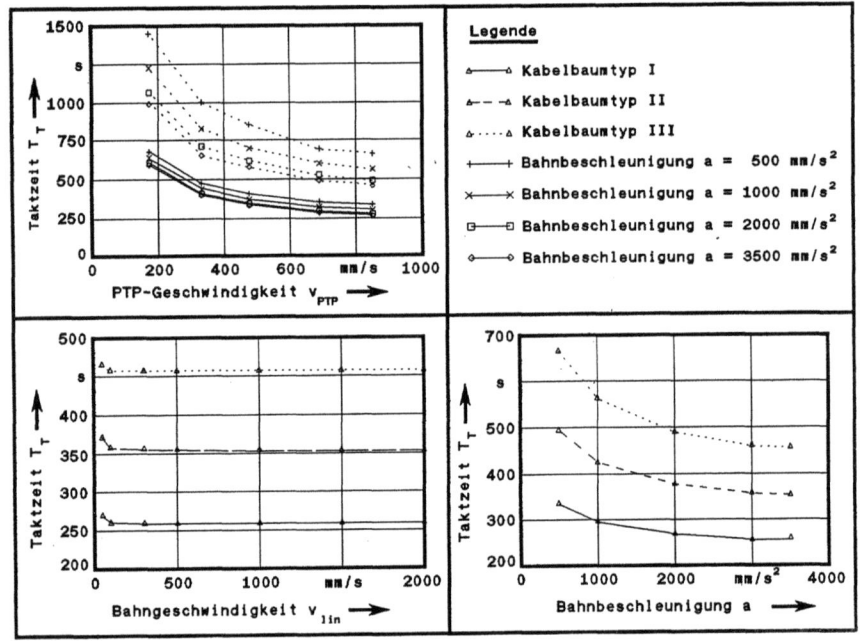

Bild 55: Einfluß von Bahn- und PTP-Geschwindigkeit sowie Beschleunigung auf die Taktzeit

7.3 Montagezeiten

Zur Ermittlung von Richtwerten für die Dauer der einzelnen Montagevorgänge wurden Kabelbäume unterschiedlicher Komplexität auf der Pilotanlage hergestellt. Dabei wurden die Taktzeiten in bezug auf Prozeß-, Handhabungs- und Nebenzeiten analysiert (vgl. Bild 56).

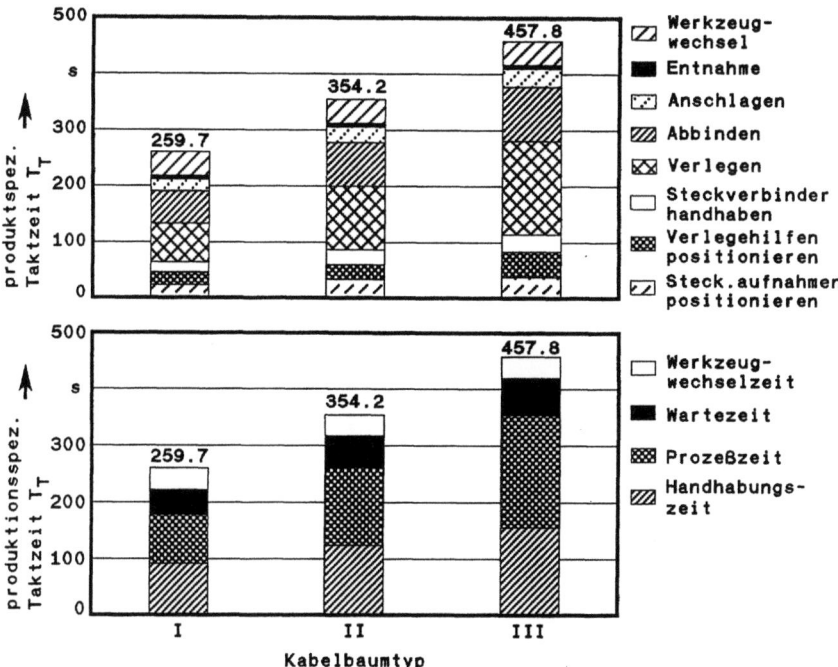

Bild 56: Analyse der Montagezeiten

Die Konfigurierung des Arbeitsraumes durch den IR nimmt durchschnittlich 24,7 % der Zeit eines Gesamtzykluses in Anspruch. Dieser Rüstvorgang ist jedoch bei jedem Los nur einmal erforderlich, so daß die eigentliche Taktzeit zur Montage eines Kabelbaums entsprechend niedriger ist.

Der größte Zeitanteil bei der automatischen Kabelbaummontage entfällt auf das Verlegen der Leitungen und das Abbinden der Kabelstränge. Der Anteil der Prozeßzeiten an der Taktzeit liegt im Bereich zwischen 35 % und 50 %, die anderen Zeitanteile beinhalten Handhabungs- und Wartezeiten.
Aus den ermittelten Montagezeiten lassen sich Richtwerte für die Berechnung der Dauer der einzelnen Arbeitsschritte ableiten. Die Richtwerte setzen sich aus Prozeß-, Handhabungs- und Wartezeiten zusammen:

- Zeit für die Positionierung einer Steckeraufnahme T_{KSA} 4,8 s
- Zeit für die Positionierung einer Verlegehilfe T_{KVH} 4,5 s
- Zeit für Bestücken eines Schneidklemmverbinders T_{KBe} 3,8 s
- mittlere Verlegegeschwindigkeit v_{Ver} 248 mm/s
- Zeit für die Montage eines Kabelbinders T_{KAbb} 2,4 s
- Zeit für einen Anschlagvorgang T_{KAn} 4,1 s
- Zeit für die Entnahme des Kabelbaumes T_{KAbb} 6,6 s
- Zeit für einen Werkzeugwechselvorgang T_{WW} 5,9 s

Diese Richtwerte sind Basis für die Wirtschaftlichkeitsbetrachtung und für die quantitative Abgrenzung der Einsatzbereiche der in Kap. 4 entwickelten Gesamtsystemprinzipien.

7.4 Folgerungen aus den Versuchen

Es konnte nachgewiesen werden, daß der Einsatz von Industrierobotern zur vollautomatischen Montage von Kabelbäumen in Schneidklemmtechnik technisch machbar ist. Die konzipierten Werkzeuge und Vorrichtungen arbeiten mit großer Zuverlässigkeit.

Die Optimierung der Verfahrgeschwindigkeit und Beschleunigung des IR haben gezeigt, daß für die Montage von Kabelbäumen Industrieroboter mit einer PTP-Geschwindigkeit von mindestens 800 mm/s und einer Beschleunigung von 3000 mm/s^2 eingesetzt werden sollten, um eine optimierte Taktzeit zu erreichen.

Ein Ablaufprogramm für die Montage eines Kabelbaumes umfaßt zwischen 1200 und 3000 Raumpunkte. Die Entscheidung, mit welcher Methode die Ablaufprogramme für ein vorgegebenes Produktspektrum programmiert werden sollen, hängt primär von der Variantenvielfalt der Kabelbäume und der Häufigkeit von Produktwechseln ab. Es hat sich gezeigt, daß die Off-line-Programmierung für die Kabelbaummontage mit IR die Methode ist, mit der am schnellsten die notwendigen Ablaufprogramme erstellt werden können und bei der die Rüst- und Stillstandszeiten des IR am geringsten sind.

Die in den Versuchen ermittelten Kennwerte für die einzelnen Montageschritte können direkt zur Errechnung der Leistungsdaten der anderen in Kap. 4 konzipierten Gesamtsysteme verwendet werden.

8 Einsatzbereiche und Einsatzgrenzen der Systemprinzipien

8.1 Aufbau des Programms zur Berechnung der Einsatzbereiche

Zur Ermittlung der Einsatzbereiche der in Kap. 4 erarbeiteten Gesamtsystemprinzipien wurde ein Berechnungsprogramm entwickelt, das in PASCAL geschrieben und auf einem Kleinrechner VAX 11/780 implementiert ist. Das Programm ist so gegliedert, daß folgende Teilaufgaben ausgeführt werden können:

- Berechnung der Taktzeit für einen vorgegebenen Kabelbaum,
- Berechnung der Ausbringung eines automatischen Montagesystems bei den verschiedenen Systemprinzipien,
- Berechnung der erforderlichen Anzahl von Industrieroboter-Stationen,
- Berechnung der Investitionskosten /56/,
- Berechnung der Montagestückkosten /57/.

Die für die Berechnungen notwendigen Eingabedaten sind:

- Systemprinzip (Parallel- oder Liniensystem),
- Kennwerte für die Prozeßzeiten,
- geometrischer Aufbau des Kabelbaumes (Leitungslänge, Zahl der Steckverbinder, Zahl der Abbindungen),
- geforderte Ausbringung,
- Personalkosten pro Bedienperson,
- Kosten für die Teilsysteme des Montagesystems,
- Zahl der Schichten pro Tag,
- Verfügbarkeit des Gesamtsystems,
- kalkulatorischer Zinssatz,
- Abschreibungszeitraum.

Bild 57 zeigt das Flußdiagramm des Rechenprogramms.

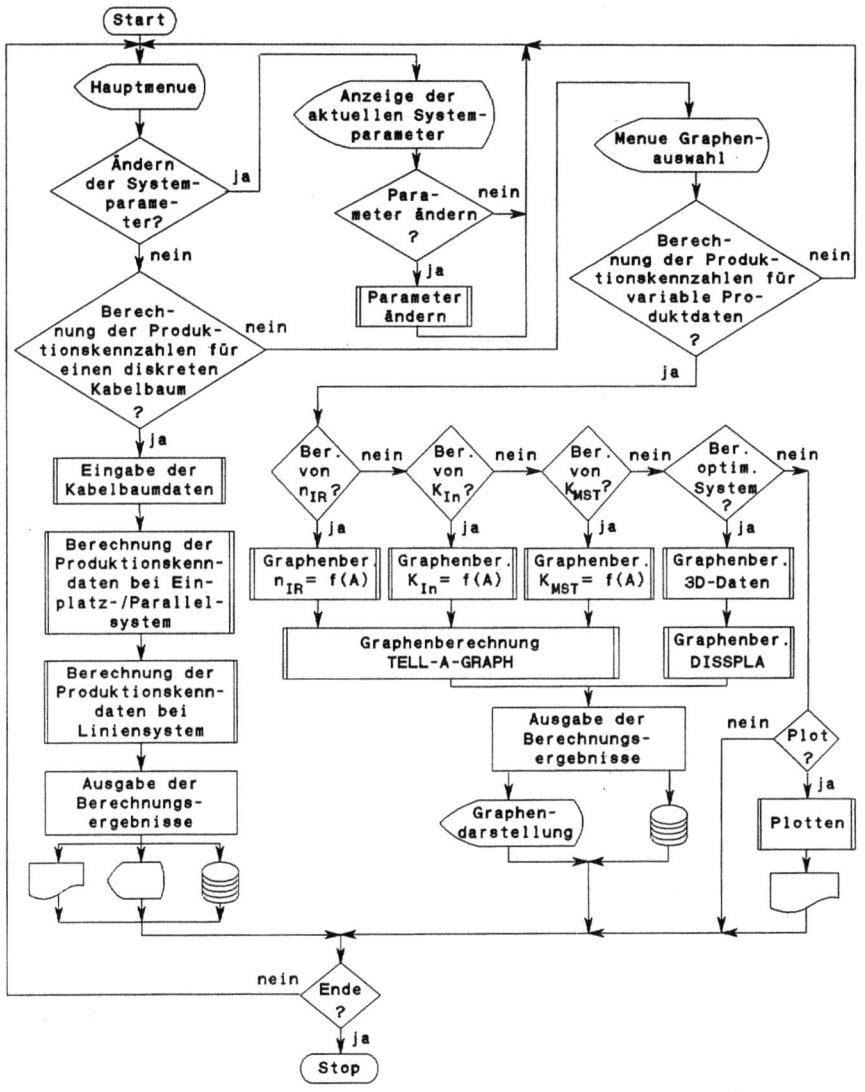

Bild 57: Flußdiagramm des Programms zur Berechnung von Kenndaten der Gesamtsystemkonzepte

Der Aufbau des Programms gestattet nicht nur die Berechnung der Kenndaten für einen diskreten Kabelbaum, sondern auch die Berechnung allgemeingültiger Kenndaten für variable Produktdaten. Im zweiten Fall erfolgt die Darstellung der Berechnungsergebnisse in einem dreidimensionalen Graph, der unter Verwendung der Grafikprogramme Tell-A-Graph und Disspla generiert wird.

8.2 Voraussetzungen und Annahmen

Für die im folgenden dargestellten Ergebnisse werden die nachstehenden Voraussetzungen zugrunde gelegt:

- Die Montagesysteme arbeiten im Zweischichtbetrieb mit einer effektiven Arbeitszeit von 2816 h/a bei einer durchschnittlichen Verfügbarkeit von 80 %.
- Für die Haupt- und Nebenzeiten der einzelnen Arbeitsschritte bei der Montage eines Kabelbaumes werden die in Kap. 7 ermittelten Kennwerte zugrundegelegt. Die Leitungen können ohne unproduktive Verfahrwege endlos verlegt werden.
- Die Gesamtsysteme sind auf die Montage von Kabelbäumen ohne Sonderteile ausgelegt, so daß keine manuellen Montageplätze eingeplant werden.
- Eine Bedienperson ist für die Überwachung von jeweils fünf Automatikstationen zuständig. Die Personalkosten pro Bedienperson werden mit K_{LH} = 50.000 DM/a angesetzt.
- Bei Linienkonzepten führt ein Industrieroboter immer nur eine Montageaufgabe aus, so daß einzelne Automatikstationen u.U. nicht voll ausgelastet sind. Ein Kapazitätsabgleich wird nicht vorgenommen.
- Die Zeit für das Wechseln eines Werkzeugs im Einstationenkonzept entspricht der Zeit für das Ein- und Ausfahren eines Werkstückträgers in eine Station beim Liniensystem.
- Die Größe der Kabelbäume erlaubt die Verwendung von Horizontalknickarmrobotern.

Zur Darstellung der Simulationsergebnisse werden die Kabelbaumtypen II, IV und V aus Bild 52 herangezogen.

8.3 Ausbringung und Anzahl von Industrierobotern

Unter Verwendung der Versuchsergebnisse aus Kap. 7 kann mit den in Bild 29 hergeleiteten Formeln der Zusammenhang zwischen der Ausbringung und der notwendigen Anzahl von IR in Abhängigkeit vom ausgewählten Systemprinzip berechnet werden. Die Berechnungsergebnisse zeigt Bild 58.

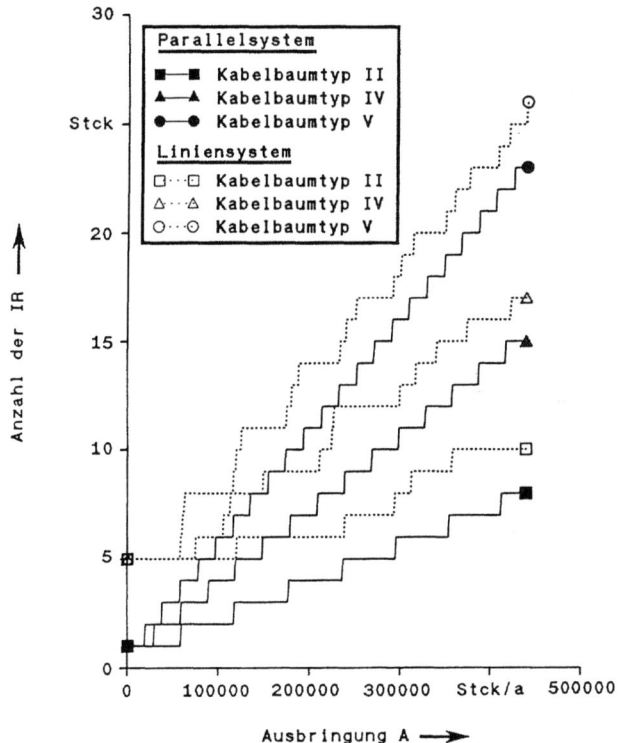

Bild 58: Abhängigkeit zwischen Ausbringung und notwendiger Anzahl von IR

Die Ergebnisse der Berechnungen zeigen, daß bei gleicher Anzahl von Automatikstationen die Ausbringung von Parallelsystemen immer größer ist als die von Liniensystemen. Dies liegt in der ungleichmäßigen Auslastung der Einzelstationen bei Liniensystemen begründet. Dieser Effekt nimmt aber mit zunehmender Ausbringung ab. Mit steigender Stückzahl sowie mit zunehmender Komplexität der Kabelbäume verringert sich weiterhin die Differenz in der möglichen Ausbringung zwischen Systemkonzepten mit gleicher Anzahl von IR.
Die dargestellte Treppenfunktion resultiert aus dem Sprung der Ausbringung bei Hinzunahme eines weiteren IR in ein Montagesystem.

8.4 Investitionskosten

Die Investitionskosten für die Systemalternativen lassen sich näherungsweise aus der Summe der Investitionskosten für die erforderlichen Teilsysteme berechnen:

- K_{IR} für Industrieroboter (Mechanik, Steuerung),
- K_{TB} für Teilebereitstellungssysteme,
- K_V für Verkettungsmittel (Staurollenförderer, Steuerung),
- K_{VB} für Verlegebretter (Werkstückträger),
- K_{VWZ} für Verlegewerkzeug, K_{An} für Anschlagwerkzeug, K_{Abb} für Abbindewerkzeug, K_{GST} für Steckverbindergreifer und K_{GEnt} für Greifer zur Kabelbaumentnahme,
- K_{PR} für Prüfsystem,
- K_{WM} für Werkzeugmagazin,
- K_{WWS} für Werkzeugwechselsystem,
- K_{Gest} für Gestelle.

Für Inbetriebnahme und Programmierung wird ein konstanter Faktor von 30 % den Investitionskosten zugeschlagen. Damit berechnen sich die Investitionskosten für die Systemalternativen nach folgenden Gleichungen:

- bei Einplatz-/Parallelsystemen:

$K_P = 1,3 \times n_{IR} \times (K_{IR} + K_{VB} + K_{VWZ} + K_{Abb} + K_{An} + K_{GST} + K_{GEnt} + K_{PR} + K_{WWS} + K_{TB} + K_{Gest} + K_{WM})$

- bei Liniensystemen:

$K_L = 1,3 \times (K_{IR} \times (n_{IRBe} + n_{IRVer} + n_{IRAbb} + n_{IRAn} + n_{IREnt} + (K_{GST} + K_{TB}) \times n_{IRBe} + K_{VWZ} \times n_{IRVer} + K_{Abb} \times n_{IRAbb} + K_{An} \times n_{IRAn} + K_{GEnt} \times n_{IREnt} + (n_{IRges} \times (K_{Gest} + 2,5 \times K_V + 2 K_{VB})) + K_{PR})$

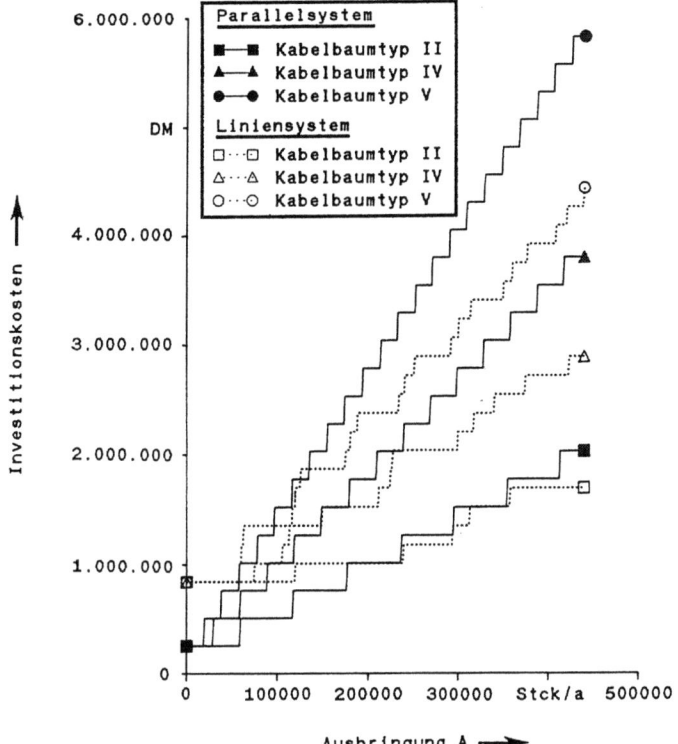

Bild 59: Investitionskosten in Abhängigkeit von Ausbringung, Systemprinzip und Kabelbaumtyp

Für den Vergleich der Investitionskosten bei den alternativen Systemprinzipien in Bild 59 wurden die derzeitigen Marktpreise für die aufgeführten Teilsysteme angesetzt.

Als Ergebnis der Simulation läßt sich festhalten, daß zwischen den Kurven für Parallel- und Liniensystemen immer ein Schnittpunkt vorhanden ist. Bei geringen Stückzahlen - im Beispiel bei einer Ausbringung zwischen 50.000 Stck/a und 180.000 Stck/a - liegen die Investitionskosten eines Parallelsystems niedriger als bei einem Liniensystem. Ab einer jährlichen Ausbringung zwischen 130.000 Stck/a und 350.000 Stck/a werden Liniensysteme preiswerter als vergleichbare Parallelsysteme. Im Bereich zwischen diesen Grenzwerten ergeben sich mehrfach Schnittpunkte zwischen den Kurven, abhängig von der Auslastung und den erforderlichen Investitionskosten der Montagesysteme. Mit zunehmender Komplexität der Kabelbäume verschiebt sich dieser Bereich hin zu geringeren Stückzahlen.

8.5 Montagestückkosten

Die Montagestückkosten bei vollautomatischer Kabelbaummontage berechnen sich zu

$$K_{MST} = \frac{(K_A + K_Z + K_B + K_R + K_{Lh})}{A}$$

In den Berechnungen wird dabei von folgenden Annahmen und Voraussetzungen ausgegangen:

- Gemäß /10/ werden die Betriebskosten der Gesamtsysteme für Instandhaltung und Energie mit $K_B = (n_{IR} + 1) \times 9$ DM/h angenommen.

- Als Kennwert für die jährlichen Raumkosten werden 50 DM/m^2 angesetzt /57/.

- Der Abschreibungszeitraum für IR und Verkettungsmittel beträgt 8 Jahre, für Werkzeuge und sonstige Peripheriekomponenten 4 Jahre.

Hieraus resultieren die in Bild 60 dargestellten Zusammenhänge zwischen den Montagestückkosten, der Ausbringung und der Komplexität des Kabelbaumes.

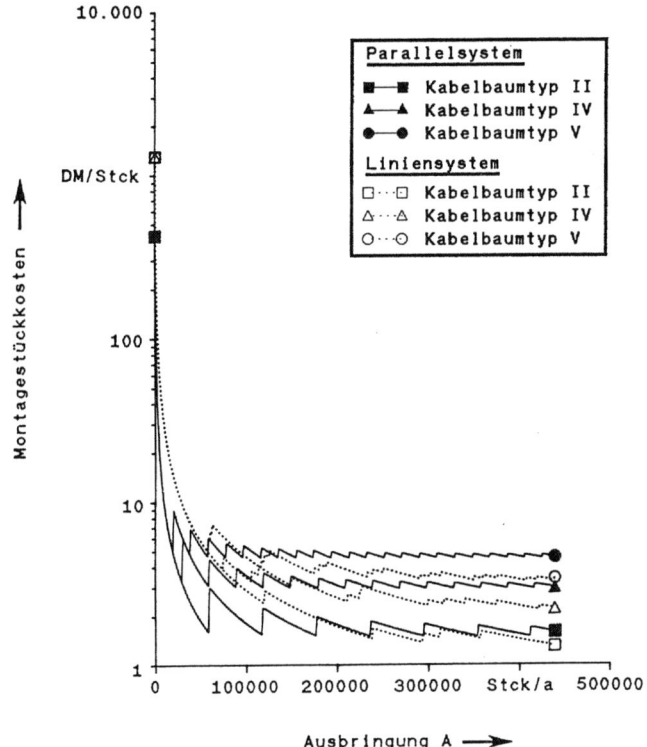

Bild 60: Montagestückkosten in Parallel- und Liniensystemen in Abhängigkeit von Ausbringung und Kabelbaumkomplexität

Es zeigt sich, daß beim Kabelbaumtyp II ab einer Ausbringung von 274.000 Stck/a der Einsatz eines Liniensystems mit geringeren Montagestückkosten verbunden ist als bei Verwendung eines Parallelsystems. Bei dem Kabelbaum mit größerem Arbeitsinhalt (Typ V) wird dieser Punkt schon bei 60.500 Stck/a erreicht. Ab den genannten Grenzstückzahlen sind die Montagestückkosten eines Liniensystems aufgrund dessen guter Auslastung sowie den geringeren Investitionskosten für die Peripheriekomponenten niedriger als die eines Parallelsystems. Die Montagestückkosten bewegen sich für die untersuchten Kabelbäume ab einer Ausbringung von 100.000 Stck/a in einem Bereich zwischen 1,50 DM/Stück und 5,00 DM/Stück.

Die vergleichbaren Montagestückkosten in manuellen oder teilautomatisierten Montagesystemen sind von folgenden wichtigen Randbedingungen abhängig:

- Automatisierungsgrad des manuellen/teilautomatisierten Montagesystems,
- Umrüsthäufigkeit und Umrüstkosten der eingesetzten Anlagen (z.B. starr automatisierte Konfektioniermaschinen),
- Produktaufbau des Kabelbaumes (z.B. modulartiger Aufbau des Kabelbaumes, so daß Konfektioniermaschinen für Parallelverdrahtung eingesetzt werden können).

So können beispielsweise die Montagestückkosten in Abhängigkeit von den genannten Randbedingungen für den Kabelbaumtyp II im Bereich zwischen 2,20 DM/Stück und 8,80 DM/Stück und für den Kabelbaumtyp V im Bereich zwischen 3,80 DM/Stück und 22,30 DM/Stück liegen. Bei Durchführung einer Wirtschaftlichkeitsbetrachtung zum Vergleich automatisierter Systeme mit der manuellen oder teilautomatisierten Montage müssen neben den Personaleinsparungen auch folgende Faktoren in die Rechnung mit einbezogen werden:

- Reduzierung des gebundenen Kapitals durch Wegfall der Zwischenlager für Baugruppen (vorkonfektionierte Leitungen,

teilweise bestückte Steckverbinder),
- Reduzierung der Durchlaufzeiten,
- Minimierung des Fehleranteils in der Montage und Reduzierung des Reparaturaufwands,
- Reduzierung der Kosten in der Arbeitsvorbereitung durch die Möglichkeit zur rechnergestützten Kabelbaumkonstruktion und der direkten Übergabe der Konstruktionsdaten in die Fertigung.

8.6 Abgrenzung der Einsatzbereiche der Systemprinzipien

Die wirtschaftliche Eignung der entwickelten Systemkonzepte hängt vom Aufbau der Kabelbäume sowie von der geforderten Stückzahl ab. Ein Kabelbaum läßt sich in diesem Zusammenhang mit folgenden Parametern beschreiben:

- Anzahl der Steckverbinder je Kabelbaum n_{St},
- Anzahl der Kabelbinder je Kabelbaum n_{Abb},
- Gesamtleitungslänge des Kabelbaumes l_{ges}.

Damit kann für jeden beliebigen Kabelbaumaufbau der Grenzwert in den Montagestückkosten errechnet werden, bei dem ein Linienkonzept wirtschaftlicher einsetzbar ist als ein Einplatz- oder Parallelsystem. Die sich aus dieser Betrachtung ergebenden Simulationsergebnisse sind in Bild 61 für vier typische Stückzahlen als dreidimensionaler Graph dargestellt. In den Raumpunkten, die unterhalb des dargestellten "Gebirges" liegen, ist ein Einplatz-/Parallelsystem die wirtschaftlichere Alternative zur Automatisierung der Kabelbaummontage. Kabelbäume mit einer geometrischen Gestaltung, die zu Raumpunkten oberhalb des "Gebirges" führt, lassen sich auf einem Liniensystem wirtschaftlich montieren.

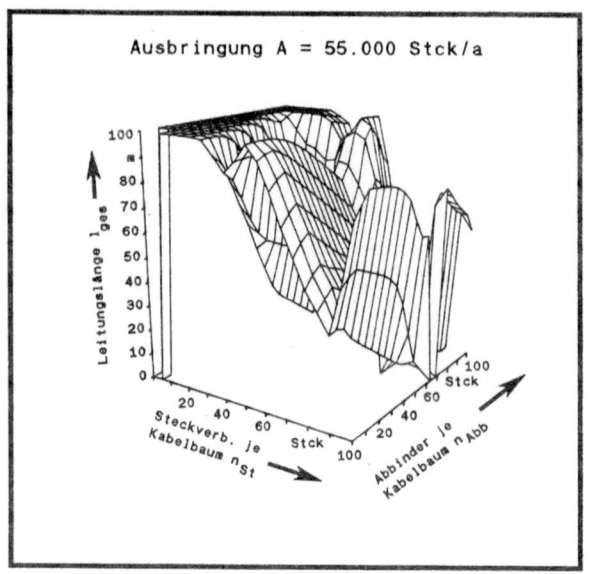

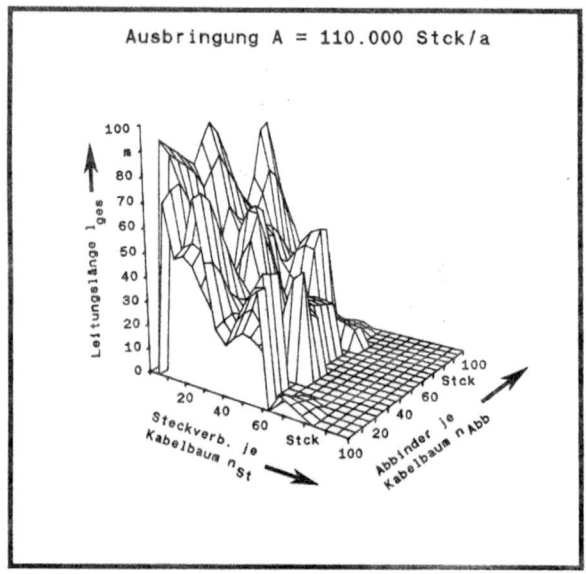

Bild 61: Wirtschaftliche Einsatzgrenzen von Einplatz- und Parallelsystemen in Abhängigkeit von der Kabelbaumgestaltung (Teil 1)

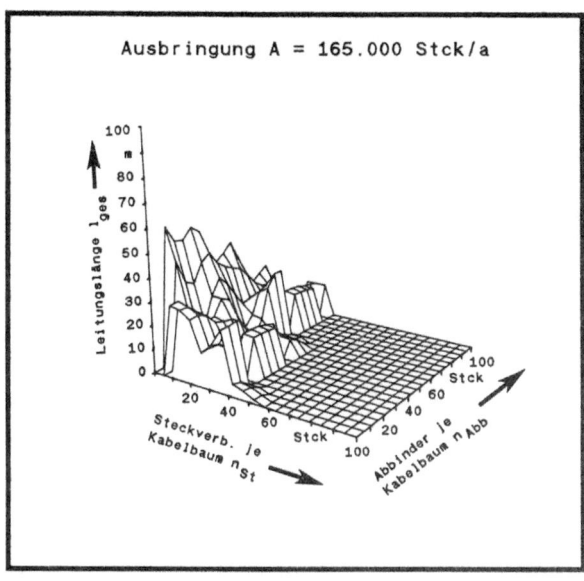

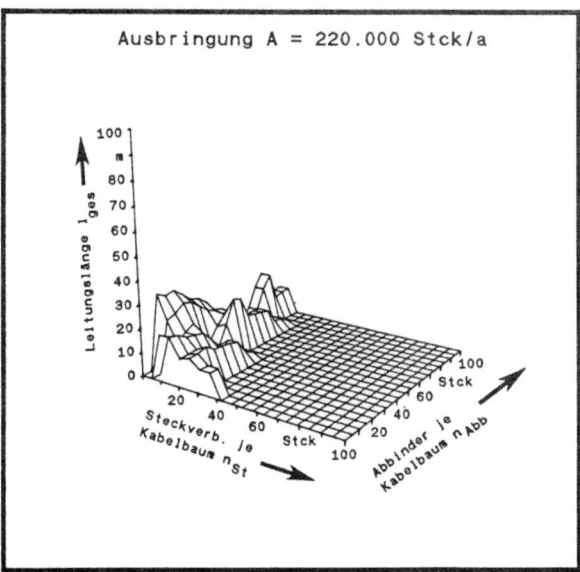

Bild 62: Wirtschaftliche Einsatzgrenzen von Einplatz- und Parallelsystemen in Abhängigkeit von der Kabelbaumgestaltung (Teil 2)

Als Resultat dieser Untersuchungen läßt sich festhalten, daß sich mit steigender Ausbringung und zunehmender Kabelbaumkomplexität der wirtschaftliche Einsatzbereich der entwickelten Gesamtsystemprinzipien zugunsten der Liniensysteme verschiebt. Einplatz- oder Parallelsysteme sind im unteren Stückzahlbereich bei Kabelbäumen geringer Komplexität wirtschaftlich einsetzbar.

9 Zusammenfassung und Ausblick

Kabelbäume sind als Baugruppe in vielen Endprodukten der Fahrzeug-, Hausgeräte-, Bürogeräte-, EDV-Geräte- und Luftfahrtindustrie enthalten. Bei der Montage von Kabelbäumen werden derzeit außer der Konfektionierung von Einzelleitungen die meisten Arbeitsgänge manuell durchgeführt. Bekannte Pilotanlagen zur flexiblen Automatisierung weiterer Arbeitsgänge haben das Laborstadium nicht verlassen, da grundlegende Erkenntnisse über den Einsatz von Industrierobotern auf diesem Gebiet fehlen. Im Rahmen dieser Arbeit werden deshalb neue Verfahren und Werkzeuge zur flexibel automatisierten Kabelbaummontage entwickelt und beschrieben.

Wie eine repräsentative Umfrage bei den wichtigsten Herstellern und Anwendern von Kabelbäumen ergeben hat, scheiterten Automatisierungsmaßnahmen in der Vergangenheit vor allem an fehlenden technischen Lösungen. Ausgehend von der Voraussetzung, daß Kabelbäume zukünftig in starkem Maße mit Schneidklemmkontakten hergestellt werden, wurden systematisch alternative Automatisierungskonzepte für derartige Kabelbäume hergeleitet und auf ihre Eignung untersucht.

Wie die Analyse der Arbeitsabläufe bei der Kabelbaummontage zeigt, gibt es eine Ablauffolge, die allen Anforderungen für die vollautomatische Montage genügt. Die hierfür notwendigen Teilsysteme können baukastenartig zu alternativen Gesamtsystemen integriert werden. Die so entwickelten Einplatz-, Parallel- und Liniensysteme unterscheiden sich primär in der Arbeitsteilung und in der möglichen Ausbringung.

Für die beiden wichtigsten Arbeitsgänge bei der Kabelbaummontage, dem Verlegen und Anschlagen der Leitungen, wurden systematisch Werkzeuge und Verfahren für die flexible Montage entwickelt.

Aus der experimentellen Untersuchung des gegenseitigen Einflußes der beim Verlegen relevanten Parameter (Verlegegeschwindigkeit, Zugkraft in der Leitung, Gestaltung des Verlegerohrs) läßt sich die optimale Formgebung des Verlegerohrs ableiten und ein Werkzeug entwickeln, mit dem die Leitungen vor dem Ablängen endlos verlegt werden können. Zur Befestigung der Leitung auf dem Verlegebrett lassen sich verschiedene Lösungsmöglichkeiten morphologisch herleiten. Die beste Befestigungsmethode stellt der sogenannte Verlegekamm dar, durch dessen geometrische Gestaltung die Haltekraft der Leitung optimiert werden kann. Da insbesondere das Verlegen der Leitungen ein zeitintensiver Prozeß ist, bei dem die optimale Verlegereihenfolge nicht bekannt ist, wurde zur Berechnung der taktzeitminimalen Verlegewege ein Algorithmus hergeleitet und in ein Rechenprogramm umgesetzt.

Für das automatische Anschlagen der Leitungen wurden alle wichtigen Prozeßparameter experimentell untersucht und hieraus ein robotergerechtes Werkzeug entwickelt, mit dem alle Leitungen eines Steckverbinders mit einem Arbeitshub angeschlagen werden können. Bei diesem Prozeß entscheidet insbesondere die Positioniergenauigkeit des Anschlagwerkzeuges über die Qualität des Montagevorgangs. Durch das entwickelte Verfahren zur Kompensation aller auftretenden Toleranzen mit Hilfe eines passiven, nachgiebigen Ausgleichsmoduls konnten die Voraussetzungen für den Einsatz eines Industrieroboters geschaffen werden.

Die entwickelten Werkzeuge und Verfahren wurden in einer Pilotanlage erprobt, in der alle Arbeitsschritte für die Montage eines Kabelbaumes vollautomatisch durchgeführt werden können. Die Untersuchung der Programmierzeiten für drei unterschiedliche Programmiermethoden zeigt, daß für die Kabelbaummontage aus wirtschaftlicher Sicht nur die Off-line-Programmierung in Frage kommt. Weiterhin wurde der Einfluß des Beschleunigungs- und Geschwindigkeitsverhaltens des Industrieroboters auf die resultierende Taktzeit untersucht. Es läßt sich festhalten, daß für die Kabelbaummontage Industrieroboter mit einer PTP-Geschwindigkeit von mindestens 800 mm/s und einer Beschleunigung von mindestens 3000 mm/s^2 ausgewählt werden sollten. Aus den Kennwerten, die sich für Dauer der einzelnen Prozeßschritte ermitteln lassen, kann eine Näherungsformel für die Berechnung der Taktzeit für einen gegebenen Kabelbaum hergeleitet werden.

Um die im Forschungslabor gewonnenen Erkenntnisse auch industriell umsetzen zu können, wurde ein Berechnungsprogramm zur Ermittlung der Einsatzgrenzen der entwickelten Systemkonzepte erstellt. Das Ergebnis der Simulationen zeigt, daß der Einsatzbereich von Einplatz- und Parallelsystemen bei einfachen Kabelbäumen mit kleinen und mittleren Stückzahlen liegt, während Liniensysteme für die Mittel- und Großserienmontage geeignet sind. Die zur Ermittlung des geeigneten Systemprinzips erstellten Diagramme erlauben es dem Planer im frühen Planungsstadium in Abhängigkeit vom Kabelbaumaufbau und der erforderlichen Ausbringung das geeignete Gesamtsystemprinzip auszuwählen.

In der vorliegenden Arbeit nicht berücksichtigt wurden Sonderteile am Kabelbaum, die aufgrund der konstruktiven Bedingungen nicht automatisch montierbar sind. Dies bedeutet, daß für die Umsetzung der vorliegenden Arbeiten in die industrielle Praxis im ersten Schritt auch solche Kabelbäume ausgewählt werden müssen, die sich für die automatische Montage gut eignen. Da derartige Anlagen für Kabelbaum- und Industrieroboterhersteller derzeit noch technologisches Neuland sind, kann damit das Planungsrisiko erheblich reduziert werden. Mit den in den vorliegenden Arbeit beschriebenen Konzepten, Methoden und Werkzeuge wird es unter Beachtung der aufgezeigten Voraussetzungen und Randbedingungen möglich sein, die Kabelbaummontage in absehbarer Zeit flexibel zu automatisieren.

10 Schrifttum

/1/ Yonemoto, K.; Kato, I.; Shima, K.: Technology Forecast On Industrial Robots in Japan. In: Proc. 15th International Symposium On Industrial Robots, Tokyo, 11.-13. Sept. 1985. Tokyo, Japan: Japan Industrial Robot Association (JIRA), 1985, S. 51-58.

/2/ Warnecke, H.-J; Schraft, R.-D.: Industrieroboter. Mainz: Krausskopf, 1986.

/3/ Abele, E. u.a.: Studie zur Untersuchung der Einsatzmöglichkeiten von flexibel automatisierten Montagesystemen in der industriellen Produktion (Montagestudie). Düsseldorf: VDI-Verlag, 1984.

/4/ Wlodarczak, H.: Montagegerechte Gestaltung und Fertigung von Verkabelungen. In: VDI Berichte; 592: Montagegerechtes Konstruieren, Herausforderung für Entwicklung und Fertigung, Tagung 13.-14 März 1986 Düsseldorf: VDI-Verlag, 1986, S. 303-320.

/5/ Kastner, P.: Entwicklungen bei Steckverbindern und Flachbandleitungen. In: e (1986) Sonderausg. Nov., S. 41-44.

/6/ N.N. The Wire Harnessing Operation.
In: Electronic Packaging and
Production 22 (1982) Nr. 4, S. 45.

/7/ Andersen, S.: Automatic Wire Harness Sub-Assembly
Technique.
In: Proceedings of the Seventeenth
Annual Connectors and Interconnection Technology Symposium, Anaheim,
19.-21. September 1984.
Fort Washington (USA): The Electronic Connector Study Group,
1984, S. 532-538.

/8/ Warnecke, H.-J.; Application of industrial robots
Schlaich, G.; for flexible wiring harness
Walther, J.: assembly.
In: Proceedings of the 6th International Conference on Assembly
Automation, Birmingham,
14.-17. Mai 1985.
Kempston, Bedford, England: IFS-Publ., 1985, S. 221-228.

/9/ Löhr, H.-G.: Eine Planungsmethode für automatische Montagesysteme.
Mainz: Krausskopf, 1977.
Zugl. Stuttgart, Universität,
Diss., 1977.

/10/ Walther, J.: Montage großvolumiger Produkte.
Berlin: Springer, 1985.
Zugl. Stuttgart, Universität,
Diss., 1985.

/11/ VDI-Richtlinie   Handhabungsfunktionen, Handhabungs-
     2860 E Blatt 1:   einrichtungen, Begriffe, Definitio-
                           nen, Symbole.
                           Oktober 1982.

/12/ DIN 8593 T. 0:   Fertigungsverfahren Fügen.
                           September 1985.

/13/ DIN 199, T. 2:   Begriffe im Zeichnungs- und
                           Stücklistenwesen.
                           Dezember 1977.

/14/ Vähning, H.:   Flexibilität von personalintensiven
                           Montagesystemen bei Serienferti-
                           gung.
                           Berlin: Springer-Verlag, 1985.
                           Zugl. Stuttgart, Universität,
                           Diss., 1984.

/15/ Vettin, G.:   Verfahren zur technischen Investi-
                           tionsplanung automatisierter
                           flexibler Fertigungsanlagen.
                           Berlin: Springer-Verlag, 1982.
                           Zugl. Stuttgart, Universität,
                           Diss., 1982.

/16/ Jay, F.(Ed.):   IEEE Standard Dictionary of Elec-
                           trical and Electronics Terms.
                           ANSI/IEEE Std 100-1984, Third
                           Edition.
                           New York: The Institute of Elec-
                           trical and Electronics Engineers,
                           Inc., 1984.

/17/ DIN 41611 T. 6: Lötfreie elektrische Verbindungen, Schneidklemmverbindungen, Begriffe, Kennwerte, Anforderungen, Prüfungen. Dezember 1985.

/18/ DIN IEC 50 T. 581 : Internationales Elektrotechnisches Wörterbuch. 1983.

/19/ DIN 41611, T. 3: Lötfreie elektrische Verbindungen, Crimpverbindungen. Juni 1980.

/20/ N.N. Schneid-Klemm-Technik: Höhere Wirtschaftlichkeit mit weniger Arbeitsgängen. In: Industrie-Elektrik und Elektronik 26 (1981) Nr. 8/9, S. 36-37.

/21/ N.N. Connectors and Interconnection Handbook, Volume 5: Terminations. Ed. by G. L. Ginsberg. Fort Washington (USA): The Electronic Connector Study Group, 1985.

/22/ Herdeg, P.; Holt, H.: New Approaches To High Speed Connector Termination. In: 12th Annual Connectors and Interconnection Technology Symposium Proceedings, Cherry Hill, 17.-18. Oktober 1979, S. 83-89.

/23/ Zuccon, A.: Kabelbinden, vom Garn zum Vollautomaten. In: Productronic (1985) 9, S. 46-51.

/24/ Butler, W.J.: One-stroke termination in cable production.
In: Production Engineering 32 (1985) 8, S. 60-66.

/25/ Lehmann, B. Mikroprozessorgestützte Herstellung von Kabelbaumverdrahtungen und konfektionierten Leitungssätzen.
In: ZwF 77 (1982) 6, S. 266-268.

/26/ N.N. Kabelbaumprüfung: Testen von Leitungssätzen.
In: Productronic (1986) 9, S. 74-79.

/27/ Scholten, R.: Kabellegen - eine Sache für Roboter.
In: 3. Anwenderkongreß ROBOCON '85, 14.-15. Okt. 1985.
Landsberg: Verlag Moderne Industrie, 1985, Vortrag 7.

/28/ Maskow, J.: Automatisierung der Kabelbaummontage.
In: Internationaler MHI-Kongreß Montage - Handhabung - Industrieroboter/ VDMA/MHI - VDI/ADB, Hannover-Messe A 6, 18.-20. April 1985, S. 41-48.

/29/ Caroll, J.: Automatic Harness Forming.
In: Proceedings of the technical program, National Electronic Packaging and Production Conference, Anaheim, 26.-28. Feb. 1980, S. 205-208.

/30/ N.N.　　　　　　　Automatic Cable Harness Forming
　　　　　　　　　　　Machine for Switchgears.
　　　　　　　　　　　International Industrial Robot
　　　　　　　　　　　Exhibition '85, Guide to Fuji
　　　　　　　　　　　Exhibits, 12.-16. Sept. 1985,
　　　　　　　　　　　Tokyo, Japan.

/31/ N.N.　　　　　　　Formkabellegeautomat DKLA 1300.
　　　　　　　　　　　Dresden: VEB Zentrum für Forschung
　　　　　　　　　　　und Technologie Mikroelektronik im
　　　　　　　　　　　VEB Kombinat Mikroelektronik, o. J.

/32/ Gibbons, R.D.:　　Industrial robot system makes
　　　　　　　　　　　faultness cable harnesses.
　　　　　　　　　　　In: Wire World International 26
　　　　　　　　　　　(1984) 1/2, S. 28-30.

/33/ Fryatt, A.:　　　　Roboter übernehmen Kabelbaum-
　　　　　　　　　　　Herstellung.
　　　　　　　　　　　In: Draht 33 (1982) 1, S. 21-22.

/34/ Reinhart, G.:　　　Rechnergestützte Kabelbaumferti-
　　　　　　　　　　　gung.
　　　　　　　　　　　In: 7. Deutscher Montagekongreß,
　　　　　　　　　　　München, 12.-13.März 1987.
　　　　　　　　　　　Landsberg: Moderne Industrie, 1987.

/35/ N.N.　　　　　　　IDC Harness Maker. Film.
　　　　　　　　　　　Harrisburg, Pennsylvania: AMP Inc.,
　　　　　　　　　　　1983.

/36/ Pehrs, J.:　　　　　Roboter fertigt Kabelbäume.
　　　　　　　　　　　In: Elektronik 34 (1985) 25,
　　　　　　　　　　　S. 182-184.

/37/ Sturges, R.H.;   A Wire Harness Flexible Manu-
     Wingert, C.D.:   facturing System.
                         In: Proceedings of the Autofact 6
                         Conference 1984.
                         Dearborn, USA: Soc. of Manufactu-
                         ring Engineers, 1984, Vortrag 16.

/38/ N.N.   Automated Harness Assembly. Film.
                         Orlando (USA): Martin Marietta
                         Aerospace, o.J.

/39/ Henderson, J.A.;   New Robotic Systems Change the
     Hosier, R.N.:   Electronic Assembly Factory.
                         In: Robots 8 Conference Procee-
                         dings, Applications for Today,
                         Vol. 1, 4.-7. Juni 1984, Detroit.
                         Dearborn, Michigan: Robotics Inter-
                         national of SME, 1984, Vortrag 8.

/40/ N.N.   Flexible Assembly Machine. Film.
                         Yokkaichi: Sumitomo Wiring Systems,
                         Ltd., o.J.

/41/ Carlisle, B.R.:   A Robotic Wire Harnessing System.
                         In: Proceedings of the Autofact 4
                         Conference, Philadelphia, 30. Nov-
                         ember - 2. Dezember 1982.
                         Dearborn, USA: Soc. of Manufactu-
                         ring Engineers, 1982, S. 1-14.

/42/ Willis, F.F.:   Feasibility Study for Robotic Ap-
                         plication to Automatic Manufacture
                         of Wire Harness Assemblies.
                         Contract DAAH01-81-D-A002 for U.S.
                         Army Missile Command DRMSI-RST,
                         BLDG. 5400, Redstone Arsenal,
                         AL 34898, 1982.

/43/ Hartley, J.: More robot systems on show.
In: Assembly Automation 4 (1984)
Heft 4, S. 204-206.

/44/ Saveriano, J.W.: Artifical Intelligence And Robotics
In Automatic Wire Processing.
In: Proceedings of the 2nd International Artifical and Robotics
Conference, Arlington, Virginia,
10.-11. Juni 1985, S. 203-248.

/45/ N.N. Yazaki Corporation: Firmenprospekt.
Tokyo: Yazaki Corporation, 1985.

/46/ Schweizer, M.: Taktile Sensoren für programmierbare Handhabungsgeräte.
Mainz: Krausskopf, 1978.
Zugl. Stuttgart, Universität,
Diss. 1978.

/47/ Schraft, R.-D.: Systematisches Auswählen und
Konzipieren von programmierbaren
Handhabungsgeräten.
Mainz: Krausskopf, 1976.
Zugl. Stuttgart, Universität,
Diss. 1976.

/48/ Abele, E.: Gußputzen mit sensorgeführten, programmierbaren Handhabungsgeräten.
Berlin: Springer, 1983.
Zugl. Stuttgart, Universität,
Diss. 1983.

/49/ Ammer, E.-D.: Rechnerunterstützte Planung von Montageablaufstrukturen für Erzeugnisse der Serienfertigung. Berlin: Springer, 1985. Zugl. Stuttgart, Universität, Diss. 1984.

/50/ Müller-Merbach, H.: Operations Research: Methoden und Modelle der Optimalplanung. München: Vahlen, 1973.

/51/ Müller-Merbach, H.: Optimale Reihenfolgen. Berlin, Heidelberg : Springer, 1970.

/52/ Lentes, H.-P.: Heuristische Verfahren. Vorlesungsmanuskript, Universität Stuttgart, 1982.

/53/ Hoener, S.; Mellert, F.-T.: Offline Programming of Industrial Robots. In: Towards the Factory of the Future, Proceedings of the 8th International Conference on Production Research, Stuttgart, 20.-22. Aug. 1985. Ed. by H.-J. Bullinger und H.-J. Warnecke. Berlin u. a.: Springer, 1985, S. 597-602.

/54/ N.N. Robotersteuerung Bosch rho 2: Handbuch. Erbach/Od. Robert Bosch GmbH, 1984.

/55/ Hesselbach, J.;　　Programmiersysteme für Industriero-
　　　Storr, A. u.a.:　　boter.
　　　　　　　　　　　　In: wt - Z. ind. Fertig. 74 (1984)
　　　　　　　　　　　　Nr. 9, S. 524 - 528.

/56/ Warnecke, H.-J.;　Wirtschaftlichkeitsrechnung für
　　　Bullinger, H.-J.;　Ingenieure.
　　　Hichert, R.:　　　München, Wien: Hanser, 1980.

/57/ Warnecke, H.-J.;　Kostenrechnung für Ingenieure.
　　　Bullinger H.-J;　 München, Wien: Hanser, 1978
　　　Hichert, R.:

IPA Forschung und Praxis

Schriftenreihe aus dem Institut für Produktionstechnik und Automatisierung, Stuttgart

Herausgeber: Prof. Dr.-Ing. H. J. Warnecke

Datenerfassung im Produktionsbereich
Von E. Bendeich. ISBN 3-7830-0117-8.
1977, 176 Seiten, kartoniert. 54,— DM
Methodenauswahl für die Materialbewirtschaftung in Maschinenbau-Betrieben
Von H. Graf. ISBN 3-7830-0136-6.
1977, 144 Seiten, kartoniert. 54,— DM
Systematische Auswahl von Förderhilfsmitteln für den innerbetrieblichen Materialfluß
Von W. Rau. ISBN 3-7830-0139-0.
1977, 103 Seiten, kartoniert. 40,— DM
Grundlagen zur Planung von Ersatzteilfertigungen
Von E. Schulz. ISBN 3-7830-0138-2.
1977, 98 Seiten, kartoniert. 40,— DM
Rechnerunterstützte Fabrikplanung
Von B. Minten. ISBN 3-7830-0116-1.
1977, 124 Seiten, kartoniert. 38,— DM
Eine Planungsmethode für automatische Montagesysteme
Von H.-G. Löhr. ISBN 3-7830-0120-X.
1977, 108 Seiten, kartoniert. 32,— DM
Planung und Bewertung von Arbeitssystemen in der Montage
Von H. Metzger. ISBN 3-7830-0131-5.
1977, 108 Seiten, kartoniert. 40,— DM
Klassifizierungssystem für Prüfmittel der industriellen Längenprüftechnik
Von R. Czetto. ISBN 3-7830-0144-7.
1978, 181 Seiten, kartoniert. 64,— DM
Rechnerunterstützte Montageplanung
Von O. Hirschbach. ISBN 3-7830-0149-8.
1978, 146 Seiten, kartoniert. 52,— DM
Rechnerunterstützte Entwicklung von Simulationsmodellen für Unternehmensplanspiele
Von A. Moker. ISBN 3-7830-0147-1.
1978, 181 Seiten, kartoniert. 64,— DM
Arbeitsplatzanalysen zur Ermittlung der Einsatzmöglichkeiten und Anforderungen an Industrieroboter
Von G. Herrmann. ISBN 37830-0151-X.
1978, 113 Seiten, kartoniert. 40,— DM
MFSP — Ein Verfahren zur Simulation komplexer Materialflußsysteme
Von G. Stemmer. ISBN 3-7830-0118-8.
1977, 140 Seiten, kartoniert. 60,— DM
Berührungslose Erkennung durch Positionsbestimmung von Objekten durch inkohärent-optische Korrelation
Von M. König. ISBN 3-7830-0137-4.
1977, 110 Seiten, kartoniert. 40,— DM
Auslegung von Störungspuffern in kapitalintensiven Fertigungslinien
Von R. v. Stetten. ISBN 3-7830-0140-4.
1977, 154 Seiten, kartoniert. 56,— DM
Flexible Transportablaufsteuerung
Von G. Römer. ISBN 3-7830-0114-5.
1977, 188 Seiten, kartoniert. 60,— DM
Rechnergestützte Realplanung von Fabrikanlagen
Von T.-K. Sauter. ISBN 3-7830-0119-6.
1977, 108 Seiten, kartoniert. 32,— DM
Systematisches Auswählen und Konzipieren von programmierbaren Handhabungsgeräten
Von R. D. Schraft. ISBN 3-7830-0115-3.
1977, 108 Seiten, kartoniert. 32,— DM
Auslandsproduktion
Von W. Cypris. ISBN 3-7830-0145-5.
1978, 126 Seiten, kartoniert. 42,— DM
Wirtschaftlicher Einsatz von Mehrkoordinatenmeßgeräten
Von M. Dietzsch. ISBN 3-7830-0148-X.
1978, 142 Seiten, kartoniert. 52,— DM
Fertigungssteuerung bei flexiblen Arbeitsstrukturen
Von K.-G. Lederer. ISBN 3-7830-0146-3.
1978, 128 Seiten, kartoniert. 42,— DM
Untersuchungen zum Polieren und Entgraten durch elektrochemisches Oberflächenabtragen
Von K. Zerweck. ISBN 3-7830-0150-1.
1978, 110 Seiten, kartoniert. 40,— DM

Stufenweise Ableitung eines praktischen Planungssystems für den Entwicklungsbereich
Von R. Hichert. ISBN 3-7830-0149-8.
1978, 151 Seiten, kartoniert. 52,— DM

Produktionsplanung mit Auftragsfamilien
Von U. W. Geitner. ISBN 3-7830-0161.7.
1979, 110 Seiten, kartoniert. 45,— DM

Thermisch-chemisches Entgraten
Von T. Wagner. ISBN 3-7830-0164-1.
1979, 111 Seiten, kartoniert. 45,— DM

Untersuchung der Materialflußkosten bei ausgewählten Systemen der Zentralen Arbeitsverteilung
Von R. Wenzel. ISBN 3-7830-0162-5.
1979, 168 Seiten, kartoniert. 86,— DM

Anpassung und Einführung eines Planungssystems für die Ablaufplanung im Konstruktionsbereich
Von W. Dangelmaier. ISBN 3-7830-0163-3.
1979, 168 Seiten, kartoniert. 80,— DM

Längenmessungen an bewegten Teilen mit berührungslos wirkenden Aufnehmern
Von H. Lang. ISBN 3-7830-0157-9.
1979, 89 Seiten, kartoniert. 42,— DM

Untersuchung multistabiler Strömungselemente und ihr Einsatz in sequentiellen Steuerungen
Von A. Ernst. ISBN 3-7830-0157-9.
1979, 122 Seiten, kartoniert. 48,— DM

Taktile Sensoren für programmierbare Handhabungsgeräte
Von M. Schweizer. ISBN 3-7830-0158-7.
1979, 91 Seiten, kartoniert. 42,— DM

Die rechnerunterstützte Prüfplanung
Von P. Bläsing. ISBN 3-7830-0152-8.
1979, 100 Seiten, kartoniert. 44,— DM

Verfahren zur Fabrikplanung im Mensch-Rechner-Dialog am Bildschirm
Von W. Ernst. ISBN 3-7830-0156-0.
1979, 218 Seiten, kartoniert. 72,— DM

Rechnerunterstütztes Verfahren zur Leistungsabstimmung von Mehrmodell-Montagesystemen
Von M. Görke. ISBN 3-7830-0155-2.
1979, 139 Seiten, kartoniert. 50,— DM

Standortbezogene Betriebsmittel
Von G. Pflieger. ISBN 3-7830-0167-6.
1979, 127 Seiten, kartoniert. 52,— DM

Die betriebswirtschaftliche Beurteilung neuer Arbeitsformen
Von B.-H. Zippe. ISBN 3-7830-0168-4.
1979, 350 Seiten, kartoniert. 98,— DM

Untersuchung des Arbeitsverhaltens programmierbarer Handhabungsgeräte
Von B. Brodbeck. ISBN 3-7830-0169-2.
1979, 117 Seiten, kartoniert. 48,— DM

Untersuchung eines kohärent-optischen Verfahrens zur Rauheitsmessung
Von N. Rau. ISBN 3-7830-0174-9.
1979, 117 Seiten, kartoniert. 48,— DM

Entwicklung einer programmierbaren, pneumatischen Steuerung
Von D. Klemenz. ISBN 3-7830-0171-4.
1979, 93 Seiten, kartoniert. 42,— DM

IPA Forschung und Praxis
Berichte aus dem Fraunhofer-Institut für Produktionstechnik und Automatisierung, Stuttgart, und dem Institut für Industrielle Fertigung und Fabrikbetrieb der Universität Stuttgart

Herausgeber: Prof. Dr.-Ing. H. J. Warnecke

38 **Arbeitsgangterminierung mit variabel strukturierten Arbeitsplänen — Ein Beitrag zur Fertigungssteuerung flexibler Fertigungssysteme**
Von U. Maier. ISBN 3-540-10213-2.
1980, 111 Seiten mit 45 Abbildungen. 43.— DM

39 **Kapazitätsabgleich bei flexiblen Fertigungssystemen**
Von P. S. Nieß. ISBN 3-540-10372-4.
1980, 151 Seiten mit 57 Abbildungen. 48.— DM

40 **Schichtdickenverteilung auf galvanisierten Paßteilen am Beispiel kleiner abgesetzter Wellen und Bohrungen**
Von D. Wolfhard. ISBN 3-540-10373-2.
1980, 177 Seiten mit 83 Abbildungen. 48.— DM

41 **Planung von Mehrstellenarbeit unter Berücksichtigung von Umfeldaufgaben**
Von S. Häußermann. ISBN 3-540-10374-0.
1980, 136 Seiten mit 59 Abbildungen. 48.— DM

42 **Untersuchungen zur Schmierfilmdicke in Druckluftzylindern — Beurteilung der Abstreifwirkung und des Reibungsverhaltens von Pneumatikdichtungen mit Hilfe eines neu entwickelten Schmierfilmdickenmeßverfahrens**
Von R. Köhnlechner. ISBN 3-540-10375-9.
1980, 100 Seiten mit 38 Abbildungen und 4 Tabellen. 43.— DM

43 **Typologie zum überbetrieblichen Vergleich von Fertigungssteuerungsverfahren im Maschinenbau**
Von G. Rabus. ISBN 3-540-10376-7.
1980, 174 Seiten mit 88 Abbildungen und 21 Tafeln. 48.— DM

44 **System zur Planung des Umlaufbestandes in Betrieben mit Serienfertigung**
Von K.-G. Wilhelm. ISBN 3-540-10377-5.
1980, 142 Seiten mit 67 Abbildungen und 15 Tafeln. 48.— DM

45 **Rechnerunterstützte Arbeitsplanerstellung mit Kleinrechnern, dargestellt am Beispiel der Blechbearbeitung**
Von W. Hoheisel. ISBN 3-540-10505-0.
1981, 169 Seiten mit 74 Abbildungen. 48.— DM

46 **Beitrag zur Verbesserung der Wirtschaftlichkeit EDV-unterstützter Fertigungssteuerungssysteme durch Schwachstellenanalyse**
Von J. Lienert. ISBN 3-540-10506-9.
1981, 148 Seiten mit 37 Abbildungen. 48.— DM

47 **Die Abscheidung von Öl an Entlüftungsöffnungen drucklufttechnischer Anlagen**
Von W.-D. Kiessling. ISBN 3-540-10604-9.
1981, 117 Seiten mit 48 Abbildungen und 3 Tabellen. 43.— DM

48 **Dynamische Optimierung technisch-ökonomischer Systeme**
Von J. Warschat. ISBN 3-540-10717-7.
1981, 132 Seiten mit 60 Abbildungen. 43.— DM

49 **Bildsensor zur Mustererkennung und Positionsmessung bei programmierbaren Handhabungsgeräten**
Von H. Geißelmann. ISBN 3-540-10735-5.
1981, 125 Seiten mit 52 Abbildungen. 43.— DM

50 **Verfügbarkeitsberechnung für komplexe Fertigungseinrichtungen**
Von Ekkehard Gericke. ISBN 3-540-10779-7.
1981, 132 Seiten mit 71 Abbildungen. 43.— DM

51 **Materialflußgestaltung in Fertigungssystemen**
Von Willi Rößner. ISBN 3-540-10888-2.
1981, 149 Seiten mit 76 Abbildungen. 48.— DM

52 **Beitrag zur Analyse der Auswirkungen der Mikroelektronik, dargestellt am Beispiel der Büromaschinen-Industrie**
Von Werner Neubauer. ISBN 3-540-10991-9.
1981, 145 Seiten mit 27 Abbildungen und 47 Tabellen. 43.— DM

53 **Modelle von Informationssystemen zur kurzfristigen Fertigungssteuerung und ihre Gestaltung nach betriebsspezifischen Gesichtspunkten**
Von Roland Gentner. ISBN 3-540-10992-7.
1981, 181 Seiten mit 69 Abbildungen und 7 Tabellen. 48.— DM

54 **Entwicklung von Verfahren zur Terminplanung und -steuerung bei flexiblen Montagesystemen**
Von Jürgen H. Kölle. ISBN 3-540-11227-8.
1981, 132 Seiten mit 64 Abbildungen und 1 Faltplan. 43.— DM

55 **Arbeits- und Kapazitätsteilung in der Montage**
Von Stefan Dittmayer. ISBN 3-540-11228-6.
1981, 124 Seiten und 56 Abbildungen. 43.— DM

56 **Beitrag zur systematischen Planung der Qualitätsprüfung bei Klein- und Mittelserienfertigung**
Von Herbert Babic. ISBN 3-540-11325-8.
1982, 108 Seiten mit 38 Abbildungen und 7 Tabellen. 53.— DM

57 **Methode zur rechnerunterstützten Einsatzplanung von programmierbaren Handhabungsgeräten**
Von Uwe Schmidt-Streier. ISBN 3-540-11355-X.
1982, 188 Seiten mit 72 Abbildungen.   53.— DM

58 **Werkstoff- und Energiekennwerte industrieller Lackieranlagen, am Beispiel der Automobilindustrie**
Von Rainer Manfred Thiel. ISBN 3-540-11356-8.
1982, 116 Seiten mit 59 Abbildungen.   53.— DM

59 **Maßnahmen zum Verbessern der pneumatischen Lackzerstäubung – Teilchengrößenbestimmung im Spritzstrahl –**
Von Klaus Werner Thomer. ISBN 3-540-11507-2.
1982, 162 Seiten mit 94 Abbildungen und 1 Tabelle.   53.— DM

60 **Ermittlung und Bewertung von Rationalisierungsmaßnahmen im Produktionsbereich**
Von Jürgen Schilde. ISBN 3-540-11730-X.
1982, 158 Seiten mit 57 Abbildungen.   53.— DM

61 **Untersuchung von Verfahren der Reihenfolgeplanung und ihre Anwendung bei Fertigungszellen**
Von Mohamed Osman. ISBN 3-540-11747-4.
1982, 124 Seiten mit 32 Abbildungen und 3 Tabellen.   53.— DM

62 **Ein Simulationsmodell zur Planung gruppentechnologischer Fertigungszellen**
Von Volker Saak. ISBN 3-540-11747-4.
1982, 134 Seiten mit 53 Abbildungen.   53.— DM

63 **Verfahren zur technischen Investitionsplanung automatisierter Fertigungsanlagen**
Von Günter Vettin. ISBN 3-540-11747-4.
1982, 134 Seiten mit 63 Abbildungen.   53.— DM

64 **Pneumatische Sensoren zur prozeßsimultanen Messung des Werkzeugverschleißes und zur Kollisionsvermeidung beim Messerkopffräsen**
Von Wolfgang Jentner. ISBN 3-540-11747-4.
1982, 126 Seiten mit 47 Abbildungen und 6 Tabellen.   53.— DM

65 **Rechnerunterstützte Gestaltung ortsgebundener Montagearbeitsplätze, dargestellt am Beispiel kleinvolumiger Produkte**
Von Eberhard Haller. ISBN 3-540-12015-7.
1982, 130 Seiten mit 43 Abbildungen.   53.— DM

66 **Fernsehüberwachung von Schutzgasschweißvorgängen mit abschmelzender Elektrode MIG – MAG**
Von Ruprecht Niepold. ISBN 3-540-12181-7.
1983, 178 Seiten mit 73 Abbildungen und 5 Tabellen.   58.— DM

67 **Entwicklung flexibler Ordnungssysteme für die Automatisierung der Werkstückhandhabung in der Klein- und Mittelserienfertigung**
Von Karl Weiss. ISBN 3-540-12455-1.
1983, 116 Seiten mit 68 Abbildungen.   58.— DM

68 **Automatisierte Überwachungsverfahren für Fertigungseinrichtungen mit speicherprogrammierten Steuerungen**
Von Werner Eißler. ISBN 3-540-12456-X.
1983, 128 Seiten mit 66 Abbildungen.   58.— DM

69 **Prozeßüberwachung beim Galvanoformen**
Von Jürgen Wilhelm Böcker. ISBN 3-540-12457-8.
1983, 118 Seiten mit 32 Abbildungen.   58.— DM

70 **LAPEX – Ein rechnerunterstütztes Verfahren zur Betriebsmittelzuordnung**
Von Stephan Mayer. ISBN 3-540-12490-X.
1983, 162 Seiten mit 34 Abbildungen und 2 Tabellen.   58.— DM

71 **Gestaltung eines integrierten Produktionssystems für die Sortenfertigung unter Einsatz der Clusteranalyse**
Von Gerald Weber. ISBN 3-540-12650-3.
1983, 194 Seiten mit 54 Abbildungen.   58.— DM

72 **Gußputzen mit sensorgeführten, programmierbaren Handhabungsgeräten**
Von Eberhard Abele. ISBN 3-540-12651-1.
1983, 133 Seiten mit 66 Abbildungen.   58,— DM

73 **Untersuchungen zur Herstellung und zum Einsatz galvanogeformter Erodierelektroden**
Von Harald Müller. ISBN 3-540-12822-0.
1983, 148 Seiten mit 78 Abbildungen.   58,— DM

74 **Ein Beitrag zur Optimierung der Prozeßführungsstrategien automatisierter Förder- und Materialflußsysteme**
Von Hans Steffens. ISBN 3-540-12968-5.
1983. 161 Seiten mit 60 Abbildungen.   58,— DM

75 **Entwicklung eines Verfahrens zur wertmäßigen Bestimmung der Produktivität und Wirtschaftlichkeit von Personalentwicklungsmaßnahmen in Arbeitsstrukturen**
Von Christian Müller. ISBN 3-540-13041-1.
1983. 129 Seiten mit 34 Abbildungen.   58,— DM

76 **Berechnung der Gestaltänderung von Profilen infolge Strahlverschleiß**
Von Wolfgang Marx. ISBN 3-540-13054-3.
1983. 121 Seiten mit 58 Abbildungen.   58,— DM

77 **Algorithmen zur flexiblen Gestaltung der kurzfristigen Fertigungssteuerung**
Von Rudolf E. Scheiber. ISBN 3-540-13500-6.
1984, 150 Seiten mit 73 Abbildungen und 1 Tabelle.   63.— DM

78 **Galvanisieren mit moduliertem Strom**
Von Jürgen Wolfgang Mann. ISBN 3-540-13733-5.
1984, 145 Seiten und 58 Abbildungen.   63,— DM

79 **Fluoreszenzmeßverfahren zur Schmierfilmdickenmessung in Wälzlagern**
Von Wolfgang Schmutz. ISBN 3-540-13777-7.
1984, 141 Seiten und 66 Abbildungen.   63,— DM

IPA-IAO Forschung und Praxis
Berichte aus dem Fraunhofer-Institut für Produktionstechnik und Automatisierung (IPA), Stuttgart, Fraunhofer-Institut für Arbeitswirtschaft und Organisation (IAO), Stuttgart, und Institut für Industrielle Fertigung und Fabrikbetrieb der Universität Stuttgart

Herausgeber: Prof. Dr.-Ing. H. J. Warnecke und Prof. Dr.-Ing. H.-J. Bullinger

80 **Flexibilität und Kapazität von Werkstückspeichersystemen**
Von Bernhard Graf. ISBN 3-540-13970-2.
1984, 115 Seiten mit 71 Abbildungen. 63,– DM

T1 **Flexible Fertigungssysteme**
17. IPA-Arbeitstagung zusammen mit der 3. Internationalen Konferenz „Flexible Manufacturing Systems (FMS-3)", ISBN 3-540-13807-2.
1984, 249 Seiten mit zahlreichen Abbildungen. 118,– DM

T2 **Integrierte Bürosysteme**
3. IAO-Arbeitstagung. ISBN 3-540-13978-8.
1984, 633 Seiten mit zahlreichen Abbildungen. 168,– DM

81 **Rechnerunterstützte Planung von Montageablaufstrukturen für Erzeugnisse der Serienfertigung**
Von Ernst-Dieter Ammer. ISBN 3-540-15056-0.
1985, 120 Seiten mit 1 Faltblatt und 33 Abbildungen. 63,– DM

82 **Flexibilität von personalintensiven Montagesystemen bei Serienfertigung**
Von Heinrich Vähning. ISBN 3-540-15093-5.
1985, 152 Seiten mit 49 Abbildungen. 63,– DM

83 **Ordnen von Werkstücken mit programmierbaren Handhabungsgeräten und Werkstückerkennungssensoren**
Von Ingo Schmidt. ISBN 3-540-15375-6.
1985, 111 Seiten mit 66 Abbildungen. 63,– DM

84 **Systematische Investitionsplanung**
Von Jorge Moser. ISBN 3-540-15370-5.
1985, 190 Seiten mit 69 Abbildungen. 63,– DM

T3 **Montage · Handhabung · Industrieroboter**
Internationaler MHI-Kongreß im Rahmen der Hannover-Messe '85. ISBN 3-540-15500-7.
1985, 267 Seiten mit zahlreichen Abbildungen. 128,– DM

85 **Flexible Montagesysteme – Konzeption und Feinplanung durch Kombination von Elementen**
Von Peter Konold / Bernd Weller. ISBN 3-540-15606-2.
1985, 162 Seiten mit 71 Abbildungen und 9 Tabellen. 63,– DM

T4 **Menschen · Arbeit · Neue Technologien**
4. IAO-Arbeitstagung zusammen mit der 2. Internationalen Konferenz „Human Factors in Manufacturing". ISBN 3-540-15763-8.
1985, 442 Seiten mit zahlreichen Abbildungen. 168,– DM

86 **Leitstandunterstützte kurzfristige Fertigungssteuerung bei Einzel- und Kleinserienfertigung**
Von Lothar Aldinger. ISBN 3-540-15903-7.
1985, 151 Seiten mit 49 Abbildungen und 2 Tabellen. 63,– DM

87 **Bestimmen des Bürstenverhaltens anhand einer Einzelborste**
Von Klaus Przyklenk. ISBN 3-540-15956-8.
1985, 117 Seiten mit 74 Abbildungen. 63,– DM

88 **Montage großvolumiger Produkte mit Industrierobotern**
Von Jörg Walther. ISBN 3-540-16027-2.
1985, 125 Seiten mit 58 Abbildungen. 63,– DM

89 **Algorithmen und Verfahren zur Erstellung innerbetrieblicher Anordnungspläne**
Von Wilhelm Dangelmaier. ISBN 3-540-16144-9.
1986, 268 Seiten mit 79 Abbildungen. 68,– DM

90 **Bewertung der Instandhaltung von Fertigungssystemen in der technischen Investitionsplanung**
Von Hagen U. Uetz. ISBN 3-540-16166-X.
1986, 129 Seiten mit 38 Abbildungen. 68,– DM

91 **Entgraten durch Hochdruckwasserstrahlen**
Von Manfred Schlatter. ISBN 3-540-16172-4.
1986, 167 Seiten mit 89 Abbildungen und 18 Tabellen. 68,– DM

92 **Werkstückorientierte Verfahrensauswahl zum Gußputzen mit Industrierobotern**
Von Wolfgang Sturz. ISBN 3-540-16224-0.
1986, 156 Seiten mit 59 Abbildungen. 68,– DM

93 **Verfahren zur Verringerung von Modell-Mix-Verlusten in Fließmontagen**
Von Reinhard Koether. ISBN 3-540-16499-5.
1986, 175 Seiten mit 46 Abbildungen und 1 Tabelle. 68,– DM

94 **Entwicklung und Einsatz eines interaktiven Verfahrens zur Leistungsabstimmung von Montagesystemen**
Von Günter Schad. ISBN 3-540-16978-4.
1986, 120 Seiten mit 31 Abbildungen und 1 Tabelle. 68,– DM

95 **Qualifizierung an Industrierobotern**
Von Wolfgang Bachl. ISBN 3-540-17018-9.
1986, 218 Seiten mit 30 Abbildungen. 68,— DM

96 **Rechnersimulation des Beschichtungsprozesses beim Elektrotauchlackieren – Anwendung zum Berechnen des Umgriffs**
Von Otto Baumgärtner. ISBN 3-540-17102-9.
1986, 113 Seiten mit 42 Abbildungen. 68,— DM

97 **Ergonomische Gestaltung von Rotationsstellteilen für grob- und sensomotorische Tätigkeiten**
Von Werner F. Muntzinger. ISBN 3-540-17247-5.
1986, 135 Seiten mit 51 Abbildungen und 33 Tabellen. 68,— DM

98 **Die optische Rauheitsmessung in der Qualitätstechnik**
Von R.-J. Ahlers. ISBN 3-540-17242-4.
1986, 133 Seiten mit 56 Abbildungen und 2 Tabellen. 68,— DM

99 **Maschinelle Spracherkennung zur Verbesserung der Mensch-Maschine-Schnittstelle**
Von Gerhard Rigoll. ISBN 3-540-17350-1.
1986, 134 Seiten mit 55 Abbildungen. 68,— DM

100 **Konzeption und Auswahl modularer Magazinpaletten**
Von Thomas Zipse. ISBN 3-540-17584-9.
1987, 126 Seiten mit 54 Abbildungen. 68,— DM

101 **Anschlüsse an Kupferrohre – Herstellung und Automatisierungsmöglichkeit**
Von Eberhard Rauschnabel. ISBN 3-540-17807-4.
1987, 120 Seiten mit 88 Abbildungen. 68,— DM

102 **Mengen- und ablauforientierte Kapazitätsplanung von Montagesystemen**
Von Hans Sauer. ISBN 3-540-17815-5.
1987, 156 Seiten mit 64 Abbildungen. 68,— DM

103 **Verfahrensinstrumentarium zur Werkstückauswahl und Auslegung von Industrieroboterschweißsystemen**
Von Herbert Gzik. ISBN 3-540-17928-3.
1987, 138 Seiten mit 56 Abbildungen. 68,— DM

104 **Integration von Förder- und Handhabungseinrichtungen**
Von Joachim Schuler. ISBN 3-540-17955-0.
1987, 153 Seiten mit 61 Abbildungen. 68,— DM

105 **Produktionsmengen- und -terminplanung bei mehrstufiger Linienfertigung**
Von H. Kühnle. ISBN 3-540-18038-9.
1987, 124 Seiten mit 25 Abbildungen. 68,— DM

106 **Untersuchung des Plasmaschneidens zum Gußputzen mit Industrierobotern**
Von Jong-Oh Park. ISBN 3-540-18037-0.
1987, 142 Seiten mit 70 Abbildungen. 68,— DM

107 **Fügen von biegeschlaffen Steckkontakten mit Industrierobotern**
Von Daegab Gweon. ISBN 3-540-18134-2.
1987, 115 Seiten mit 13 Abbildungen. 68,— DM

108 **Entwicklung eines biomechanischen Modells des Hand-Arm-Systems**
Von Georgios Tsotsis. ISBN 3-540-18135-0.
1987, 163 Seiten mit 45 Abbildungen. 68,— DM

109 **Ein Beitrag zur Planungssystematik für die automatisierte flexible Blechteilefertigung**
Von Thomas Weber. ISBN 3-540-18136-9.
1987, 149 Seiten mit 56 Abbildungen. 68,— DM

110 **Entwicklung eines Meßverfahrens zur Bestimmung des Positionier- und Orientierungsverhaltens von Industrierobotern**
Von Günter Schiele. ISBN 3-540-18137-7.
1987, 116 Seiten mit 48 Abbildungen. 68,— DM

111 **Schwingungsbelastung beim Arbeiten mit handgeführten, einachsigen Motormähgeräten**
Von Peter Kern. ISBN 3-540-18193-8.
1987, 145 Seiten mit 43 Abbildungen und 5 Tabellen. 68,— DM

112 **Entwicklung eines berührungslosen Tastsystems für den Einsatz an Koordinatenmeßgeräten**
Von Hie-Sik Kim. ISBN 3-540-18578-X.
1987, 111 Seiten mit 62 Abbildungen und 4 Tabellen. 68,— DM

113 **Qualifizierung an Industrierobotern – Ziele, Inhalte und Methoden**
Von Volker Korndörfer. ISBN 3-540-18618-2.
1987, 318 Seiten mit 100 Abbildungen. 68,— DM

114 **Funktional und räumlich variables und modulares Laborgerätesystem**
Von Alfred Mack. ISBN 3-540-18786-3.
1988, 116 Seiten mit 39 Abbildungen. 73,— DM

115 **Produktrecycling im Maschinenbau**
Von Rolf Steinhilper. ISBN 3-540-18849-5.
1988, 167 Seiten mit 50 Abbildungen. 73,— DM

116 **Integration der montagegerechten Produktgestaltung in den Konstruktionsprozeß**
Von Rudolf Bäßler. ISBN 3-540-19058-9.
1988, 133 Seiten mit 49 Abbildungen. 73,— DM

117 **Ein Algorithmus zur kapazitätsorientierten Bildung von Losen**
Von Tilmann Greiner. ISBN 3-540-19300-6.
1988, 135 Seiten mit 37 Abbildungen. 73,— DM

Kabelbaummontage mit Industrierobotern
Von Gerd Schlaich. ISBN 3-540-19301-4.
1988, 131 Seiten mit 62 Abbildungen. 73,— DM

Die Bände sind im Erscheinungsjahr und in den folgenden drei Kalenderjahren zu beziehen durch den örtlichen Buchhandel oder durch Lange & Springer, Otto-Suhr-Allee 26-28, 1000 Berlin 10.

MIX
Papier aus verantwortungsvollen Quellen
Paper from responsible sources
FSC® C105338

If you have any concerns about our products,
you can contact us on
ProductSafety@springernature.com

In case Publisher is established outside the EU,
the EU authorized representative is:
**Springer Nature Customer Service Center GmbH
Europaplatz 3, 69115 Heidelberg, Germany**

Printed by Libri Plureos GmbH
in Hamburg, Germany